요리 인플루언서 '비야도시락'의 식비 절약 도시락 레시피

한 달에 10만원

도시락 만들기

● 비야도시락(이슬비) 지음 ●

길벗

한 달에 10만원 도시락 만들기

초판 발행·2024년 6월 5일
초판 3쇄 발행·2025년 1월 2일

지은이·이슬비

발행인·이종원
발행처·(주)도서출판 길벗
출판사 등록일·1990년 12월 24일
주소·서울시 마포구 월드컵로 10길 56(서교동)
대표 전화·02)332-0931 | **팩스**·02)323-0586
홈페이지·www.gilbut.co.kr | **이메일**·gilbut@gilbut.co.kr

편집팀장·민보람 | **기획 및 책임편집**·서랑례(rangrye@gilbut.co.kr) | **제작**·이준호, 손일순
마케팅·정경원, 김진영, 조아현, 류효정 | **유통혁신**·한준희 | **영업관리**·김명자 | **독자지원**·윤정아

디자인·프롬디자인 | **교정교열**·한진영 | **CTP 출력·인쇄**·교보피앤비 | **제본**·경문제책

ISBN 979-11-407-1008-9(13590)

(길벗 도서번호 020242)

정가 18,800원

독자의 1초까지 아껴주는 길벗출판사

(주)도서출판 길벗 | IT교육서, IT단행본, 경제경영서, 어학&실용서, 인문교양서, 자녀교육서 www.gilbut.co.kr
길벗스쿨 | 국어학습, 수학학습, 어린이교양, 주니어 어학학습 www.gilbutschool.co.kr

독자의 1초를 아껴주는 정성!
세상이 아무리 바쁘게 돌아가더라도
책까지 아무렇게나 빨리 만들 수는 없습니다.

인스턴트 식품 같은 책보다는
오래 익힌 술이나 장맛이 밴 책을 만들고 싶습니다.

땀 흘리며 일하는 당신을 위해
한 권 한 권 마음을 다해 만들겠습니다.

마지막 페이지에서 만날 새로운 당신을 위해
더 나은 길을 준비하겠습니다.

독자의 1초를 아껴주는 정성을 만나보십시오.

신혼 초, 저와 남편은 주말에 각자 해먹고 싶은 요리를 한 가지씩 정해서 만들곤 했어요. 둘 다 결혼 전에는 요리라곤 제대로 해본 적 없던 요리 초보였지만, 함께 레시피를 찾아보면서 하나씩 만들고 먹으며 서로 맛 평가도 해주면서 점점 요리에 흥미가 생겼죠. 그러다가 2년 전쯤 남편이 이직하게 되면서 점심을 매번 밖에서 사 먹어야 하는 상황이 되었어요. 아무래도 매일 밖에서 사 먹으면 건강도 걱정되고 식비도 부담스럽더라고요. 그때 저는 "내가 도시락 싸줄까?"라는 말을 꺼냈고, 그 말에 크게 기뻐하는 남편을 위해 매일 도시락을 싸기 시작했습니다.

무엇보다 밖에서 사 먹는 자극적인 음식보다 몸에 좋은 건강한 도시락을 만들어주고 싶었어요. 제가 직접 요리하면 양념은 적당히, 간도 삼삼하게, 영양이 균형 잡힌 다양한 반찬들로 식단을 구성할 수 있어서 남편이 더 건강한 점심을 먹을 수 있다는 점에서 안심했어요. 외식하면 편하기는 하지만, 간이 너무 센 음식을 과하게 많이 먹게 되어 몸에 부담이 되지 않을까 걱정이었거든요. 하루에 한 끼라도 신선한 재료로 맛있고 영양가 높은 집밥을 먹이고 싶은 마음으로 매일 도시락을 만들게 됐습니다.

도시락은 건강에 도움이 될 뿐만 아니라 식비도 아낄 수 있어요. 보통 밖에서 사 먹으려면 점심값으로 적어도 1만 원 이상은 드는데, 도시락을 싸면 훨씬 저렴하게 들거든요. 식재료 한 가지로 2~3가지 반찬을 만들 수도 있고 저렴한 제철 식재료 위주로 식단을 구성하면 식비를 절약할 수 있어요. 또 도시락용으로 산 식재료로 반찬을 만들면 저녁도 집에서 해결할 수 있어서 여러모로 효율적이더라고요. 남은 식재료를 버리지 않으려고 집밥을 더 자주 해 먹게 되면서 자연스레 외식, 배달 음식을 줄이게 되었답니다.

처음 도시락을 싼 날부터 인스타그램에 도시락 사진을 올렸어요. 인테리어에도 관심이 많아서 신혼집 인테리어 인스타그램을 운영했는데, 집 곳곳을 기록하는 것뿐만 아니라 비슷한 관심사를 가진 다양한 사람들과 소통하는 점이 참 좋았거든요. 그래서 매일 도시락 메뉴와 사진을 업로드하면서 기록과 동시에 식비 절약 팁 등을 공유하고 싶어서 도시락 인스타그램을 시작했어요. 덕분에 많은 사람들과 소통하며 서로 응원하고 메뉴도 공유하면서 지금까지 매일 즐겁게 도시락을 준비할 수 있었어요.

인스타그램에 꾸준하게 도시락을 기록하고 한 달 10만 원 예산을 목표로 매달 도시락 식비를 정산해서 올렸더니 이 부분도 많이 좋아해 주셨어요. 최근 고물가로 인해 식비 절약에 관심을 갖는 분들이 많다 보니, 한 달 도시락 식비 콘텐츠가 많은 사랑을 받아 이렇게 책을 출간하게 되었습니다.

저는 요리 학원에 다니거나 전문적으로 요리를 배운 적은 없어요. 그래서 처음에는 쉽게 만들 수 있는 간단한 메뉴들로 시작했고, 점점 제 입맛에 맞게 양념을 가감하고 새로운 식재료를 사용하는 등 실패하더라도 다양한 방법으로 도전하면서 요리의 재미를 알게 되었죠. 저처럼 쉬운 메뉴부터 차근차근 시작해 보세요. 저도 제가 요리를 이렇게 꾸준하게 할 거라곤 상상도 못했답니다.

레시피가 복잡하거나 보기에 화려하지는 않지만 누구나 쉽고 간단하게 만들 수 있는 건강한 메뉴로 도시락을 구성했어요. 한 가지 식재료로 다양하게 만들 수 있는 2~3가지 메뉴들과 장보기 리스트도 담았으니, 매일 뭘 해 먹을지 고민되거나 식비를 절약하고 싶은 분들께 조금이나마 도움이 되길 바랍니다.

비야 도시락 인스타그램 계정을 팔로우하고 늘 '댓글'과 '좋아요'로 응원해 주시는 팔로워들께 진심으로 감사드립니다. 앞으로도 건강하고 맛있는 도시락으로 만나기를 바랄게요.

INTRO

본격적인 도시락 레시피 소개 전에, 식비 절약 노하우와 식단 짜는법, 꼭 구비해두는 식재료, 필요한 양념 등을 일목요연하게 정리했습니다.

식단표

봄, 여름, 가을, 겨울 사계절로 나눠 4주차 도시락 식단표를 한눈에 볼 수 있게 구성했습니다.

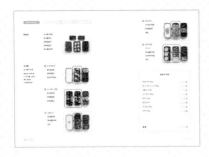

메뉴 & 장보기

매주 어떤 메뉴로 도시락을 구성하는지 한 번에 보여줍니다. 또한 도시락을 싸려면 사야 할 장보기 재료와 분량, 가격까지 정리해두었습니다.

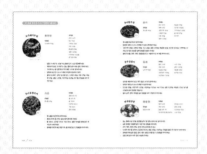

한 번에 만들어 두는 밑반찬 레시피

일주일 도시락에 들어가는 밑반찬 레시피를 소요시간, 재료 등과 함께 정리해 두었습니다. 메뉴별로 어떤 요일에 들어가는지도 표시했습니다.

요일별로 바뀌는 메인 반찬 레시피

요일별로 매일 바뀌는 메인 반찬 레시피를 소개합니다. 소요 시간, 재료 등과 만드는 법을 누구나 쉽게 따라할 수 있도록 자세하게 설명했습니다.

미리 알려드립니다.

· 책에 소개된 장보기 가격은 2024년 4월 기준입니다. 물건 가격은 시기, 장소에 따라 달라지며 절대적인 가격이 아니니 참고용으로 활용하기 바랍니다.
· 레시피에 사용된 '큰술'은 어른 밥숟가락 기준으로 대략 15ml입니다.

일러두기

PART

4

겨울

1. 식비 예산 정하기

식비를 절약하기 위해 가장 먼저 할 일은 우리 집의 식비 예산을 정하는 일이에요. 처음에는 한두 달 정도 식비를 기록해서 매달 식비 지출이 어느 정도인지 파악한 후, 우리 집에 맞는 적정한 예산을 정해요. 식비 예산을 정한 후, 예산과 실제 지출 차이가 크다면 다시 적정 수준으로 조정하면 됩니다.

식비 예산 책정의 가장 큰 장점은 최대한 예산 내에서 사용하기 위해 계획적으로 소비하게 된다는 점이에요. 도시락을 예로 들어 볼게요. 한 달 도시락 예산을 10만 원으로 잡으면, 일주일에 2~3만 원 선에서 식재료를 구매해야 해요. 그러면 예산에 맞춰 식재료를 사고 예산을 초과하지 않기 위해 불필요한 외식이나 배달 음식을 의식적으로 줄이려고 노력하게 됩니다.

2. 냉장고 파악하기

식비를 절약하려면 식재료를 낭비하지 않는 것이 매우 중요해요. 그래서 냉장고 안에 어떤 식재료들이 있는지 파악하고 꼭 필요한 식재료만 구매해요.

저는 제가 직접 만든 냉장고 지도를 냉장고 문에 붙여놓고 식재료들을 전부 다 적어둬요. 그러면 냉장고를 매번 열지 않아도 어떤 것들이 있는지 한눈에 파악할 수 있어서 식재료를 버리는 일이 줄어들어요. 냉장고 안에 어떤

식재료들이 있는지 모르면 결국 상해서 버리거나 같은
식재료를 또 사는 일이 생기거든요.

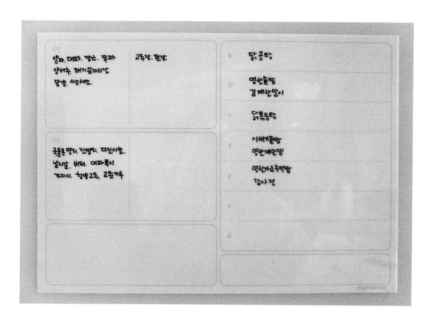

3. 식단표 짜기

매주 일주일치 식단을 정해요. 탄수화물, 단백질, 식이섬
유 등 영양소를 고려한 다양한 메뉴로 밑반찬 4~5가지와
메인 메뉴를 정합니다. 이때 식재료를 중복해서 활용할
수 있도록 메뉴를 구성해 최대한 남지 않게 하는 게 포인
트예요.

예를 들어 콩나물을 한 봉지 사면, 반으로 나누어 밑반찬
으로 콩나물무침을 만들고 메인 메뉴로 콩나물불고기를
만드는 거예요. 이런 식으로 활용하면 식재료가 남아서
버리는 일은 줄게 됩니다.

식단표를 짜면 미리 계획을 세워두기 때문에 뭘 먹을지
어떤 식으로 요리할지 고민하는 시간이 준다는 점이 장

점이지요. 그러면 충동적으로 외식하거나 배달 주문을 피할 수 있고, 정한 식단대로 필요한 식재료만 구매하게 되어 식비를 절약할 수 있어요.

4. 장보기 리스트 만들기

식단표를 짜고 나서는 식단에 따라 매주 식재료 장보기 리스트를 만들어요. 냉장고 지도를 확인하면서 냉장고 안 식재료들을 파악해 겹치지 않게 필요한 식재료를 적어요.

장보기 리스트를 만들고 일주일에 한 번 정도 장을 보러 갑니다. 장보기 리스트대로 필요한 식재료만 구매하기 때문에 불필요한 충동구매는 하지 않죠. 식재료를 알뜰하게 쓸 뿐만 아니라 식비도 줄일 수 있어요.

5. 장보기

장은 주로 오프라인에서 보고, 가끔 온라인으로 보기도 해요. 매주 주말에 남편과 함께 농협 하나로마트에서 장을 봐요. 농협 하나로마트는 농수산물이 신선하고 비교적 저렴한 편이거든요. 마트에 필요한 식재료가 없는 경우에는 온라인에서 주문하기도 합니다.

오프라인보다는 온라인으로 장보기가 더 편하고 시간도 절약되지만, 오프라인에서 장을 보면 식재료를 직접 보기 때문에 신선도나 수량, 크기 등을 비교하고 확인할 수 있어 좋아요. 그리고 온라인에서는 클릭 한 번으로 쉽게 주문할 수 있다 보니, 필요하지 않은 식재료도 충동적으로 구매하는 경우가 종종 있더라고요. 그래서 오프라인에서 주로 장을 봅니다.

비야 도시락 필수 재료

대파 | 파기름을 내거나 토핑 등 여러모로 활용도가 높은 재료입니다. 대파 한 단을 사서 나눠 담아 두고 사용해요.

양파 | 볶음, 조림 등 다양한 요리에 단맛을 낼 때 활용하는 재료입니다. 냉장고에 항상 갖춰 두고 필요할 때마다 꺼내 써요.

당근 | 볶음, 찜 등 다양한 요리에 맛과 색감을 더할 때 활용하는 재료입니다. 보관 기간이 긴 편이며, 물기를 제거해서 냉장고에 보관합니다.

청양고추 | 한식에 빠지면 섭섭한 매콤한 맛. 청양고추는 구매 후 꼭지를 따서 냉장고에 보관하거나, 잘게 썰어 냉동실에 두면 오래 보관할 수 있습니다.

다진 마늘 | 음식의 향과 맛을 깊게 만드는 재료로 음식에 빠질 수 없는 재료입니다. 통마늘을 사서 직접 다진 후 소분해서 냉동실에 두었다 사용합니다.

비야 도시락 필수 양념

소금 | 무침, 국, 찌개 등에 간을 맞출 때 씁니다. 천일염을 볶아 만든 꽃소금을 주로 사용해요.

설탕 | 요리의 단맛을 내는 데 사용합니다.

후추 | 매운맛을 내는 향신료로 음식의 풍미를 살리고 재료의 잡내를 잡아주기도 합니다.

고춧가루 | 매운맛과 향이 강하며, 가루의 크기는 요리에 맞춰 다르게 씁니다. 저는 주로 가는 고춧가루를 사용해요.

고추장 | 찌개, 볶음, 양념 등에 주로 쓰며, 음식에 매운맛과 단맛을 냅니다.

된장 | 찌개, 국, 무침 등에 간을 맞추고 고소한 맛을 더합니다.

진간장 | 조림, 무침, 양념 등에 주로 사용하며, 짠맛과 단맛을 냅니다.

국간장 | 국물, 나물 요리에서 간을 맞출 때 주로 사용하며, 진간장보다 짠맛이 강합니다.

굴 소스 | 볶음밥, 찜, 양념 등에 쓰며 감칠맛과 단맛을 냅니다.

액젓 | 간장이나 소금 대신 쓰면 음식에 짠맛과 감칠맛을 냅니다. 요리에 따라 멸치액젓, 참치액젓을 적절히 사용해요.

맛술 | 재료의 잡내를 없애기 위해 사용하며, 특히 고기를 재울 때나 볶을 때 주로 사용합니다.

올리고당 | 설탕 대신 단맛을 낼 때 사용하며 음식에 윤기를 냅니다.

매실청 | 매실을 발효시켜 만든 것으로, 새콤달콤해서 올리고당과 설탕 대신 사용하기도 합니다. 무침에는 주로 매실청을 사용해요.

식초 | 새콤한 맛을 내며 무침, 소스, 장아찌 등에 사용합니다. 야채를 깨끗하게 씻을 때도 사용해요.

참기름 | 나물무침, 볶음, 양념 등 다양한 음식에 고소한 맛과 향을 내고 윤기를 더해줍니다.

들기름 | 참기름과 함께 음식에 고소한 맛과 풍미를 높이며, 보관 기간이 짧은 편이라 냉장 보관을 추천해요.

깨 | 볶음, 양념에 주로 사용되며 요리를 마무리할 때 뿌려 향과 고소한 맛을 더합니다.

많은 분이 인스타그램에서 문의 주신 도시락 관련 질문에 답해 드립니다.

Q 도시락, 어떻게 싸야 할까요?

A 우선 먹고 싶은 메뉴나 제철 식재료를 검색해서 도시락 메뉴를 몇 가지 정하고, 남은 식재료로 다른 반찬 메뉴를 정해요. 그 주의 도시락에는 식재료를 겹쳐 사용해서 식재료를 최대한 다 씁니다. 밑반찬을 4~5가지 미리 만들어 두면 매일 메인 메뉴만 하나씩 만들면 되어서 편해요.

밑반찬은 주로 주말에 대량 만드는데, 쉽게 상하는 반찬은 전날에 만들기도 해요. 메인 메뉴는 주말에 재료를 미리 손질해서 메뉴별로 밀키트를 만들어 두어요. 밀키트를 만들어 두면 조리 시간이 많이 단축되어 금방 도시락을 쌀 수 있어요. 요리 시간이 길면 귀찮고 힘들어서 외식이나 배달 음식이 생각나거든요. 최대한 쉽고 빠르게 요리하려고 노력해요.

Q 점심때 도시락을 차갑게 먹나요?

A 저희는 전자레인지 사용이 가능한 도시락통을 써서 전자레인지에 따뜻하게 데워 먹어요. 만약 회사에 전자레인지가 없다면, 보온 도시락을 추천해요.

Q 도시락용 밑반찬은 저녁에도 먹나요?

A 밑반찬을 넉넉히 만들면 저녁에도 먹어요. 하지만 대개는 그날 도시락에 담은 밑반찬과는 겹치지 않게 먹는 편이에요.

Q 도시락은 주로 전날에 준비하나요, 아니면 아침에 준비하나요?

A 때에 따라 달라요. 아침(새벽)에 준비하는 때도 있고 전날 미리 싸는 때도 있어요. 여름에는 음식이 쉽게 상해 전날보다는 아침에 준비해요.

Q 추천할 만한 도시락통이 있으실까요?

A 저는 락앤락 3단 도시락통을 사용해요. 가볍고 보기보다 양이 많이 들어가요. 통 하나는 3칸으로 나뉘어 반찬을 여러 개 담을 수 있어요. 그리고 전자레인지도 사용 가능해 따뜻하게 데워 먹을 수 있어 좋아요.

Q 도시락을 싸서 다니면서 어느 정도 식비를 절약하게 되었나요?

A 점심을 밖에서 사 먹으려면 요즘에는 기본 1만 원 이상이 들더라고요. 그러면 일 주일에 약 5만 원, 한 달이면 약 20만 원 이상이 드는 셈이에요. 도시락은 한 끼 1만 원 이하로 들기 때문에 사 먹는 것보다 최소 30~40% 이상은 절약이 되는 것 같아 요. 게다가 도시락을 싸려고 구매한 식재료와 만든 반찬들로 저녁을 해결하거나, 남은 식재료를 버리지 않으려고 집밥을 더 자주 해 먹게 되어서 전체적인 식비도 절약이 많이 됩니다.

Q 도시락 메뉴 중 추천할 만한 것은 무엇일까요?

A 솥밥 추천해요. 책에도 가지솥밥, 시래기솥밥, 명란솥밥, 꼬막솥밥 등 여러 가지 맛있는 솥밥 레시피를 담았어요. 솥밥은 레시피가 간단해서 만들기가 참 쉬운데, 들어가는 재료에 따라 맛도 다르고 다른 반찬 없이 솥밥만 먹어도 충분히 맛있어 서 특히 도시락 메뉴로 추천해요!

한 달에 10만 원 도시락 만들기

PART

1

봄

봄에는 봄에만 먹을 수 있는 나물이 다양해요. 도시락 반찬으로 적합한 다양한 나물을 메뉴에 구성했어요. 도시락에서 봄의 향기를 느껴보세요.

봄 도시락 식단표

주	요일	메인 반찬 1	메인 반찬 2
1주차	월	궁중떡볶이	
	화	꼬시래기김밥	
	수	소불고기	
	목	달걀만두	
	금	달걀김밥	떡꼬치
2주차	월	닭날개구이	
	화	소시지야채볶음	
	수	동그랑땡	
	목	오이고추전	
	금	소떡소떡	
3주차	월	달래전	
	화	소고기감자조림	
	수	소고기버섯솥밥	두부구이/달래장
	목	떡갈비	
	금	두부조림	
4주차	월	애호박멘보샤	
	화	보리새우부추전	
	수	냉이참치김밥	
	목	새우덮밥	
	금	냉이솥밥	김치전

※ 봄 4주 식단표입니다. 메인 반찬을 제외한 밑반찬 5종, 김치, 양념장 등을 겹치지 않게 3가지씩 도시락에 구성합니다.

밑반찬 1	밑반찬 2	밑반찬 3
반숙달걀장	상추겉절이	꼬시래기무침
돗나물무침	반숙달걀장	상추겉절이
돗나물무침	돗나물장아찌	김치
꼬시래기무침	반숙달걀장	케첩
돗나물장아찌	꼬시래기무침	김치
톳두부무침	달걀샐러드	오이고추된장무침
보리새우볶음	달걀샐러드	톳두부무침
톳무침	오이고추된장무침	보리새우볶음
톳두부무침	달걀샐러드	보리새우볶음
보리새우볶음	톳무침	오이고추된장무침
쑥갓무침	표고버섯장조림	양념장
봄동겉절이	봄동된장무침	김치
봄동겉절이	쑥갓무침	버터감자구이
쑥갓무침	봄동된장무침	김치
표고버섯장조림	봄동된장무침	버터감자구이
느타리버섯볶음	냉이된장무침	부추무침
깻잎무침	애호박볶음	양념장
느타리버섯볶음	깻잎무침	김치
애호박볶음	부추무침	냉이된장무침
느타리버섯볶음	깻잎무침	양념장

밑반찬

꼬시래기무침
돗나물무침
상추겉절이
반숙달걀장
돗나물장아찌

**요일별
도시락 구성**

(밑반찬 5가지 중
2~3가지를 그날의
메인 반찬과
구성해보세요.)

㉡ 궁중떡볶이
　반숙달걀장
　상추겉절이
　꼬시래기무침

㉦ 꼬시래기김밥
　돗나물무침
　반숙달걀장
　상추겉절이

㉮ 소불고기
　돗나물무침
　돗나물장아찌
　김치

㊍ 달걀만두

꼬시래기무침

반숙달걀장

케첩

㊎ 달걀김밥

떡꼬치

돗나물장아찌

꼬시래기무침

김치

장보기 목록

떡볶이떡 500g	2,800원
불고기용 소고기 300g	11,640원
김밥김 10매	1,750원
꼬시래기 250g	1,980원
당면 100g	1,500원
달걀 30구	6,980원
돗나물 250g	1,510원
상추 150g	1,600원
합계	29,760원

꼬시래기무침

15분

(+30분 소금기 빼기)

월 목 금

-

주재료
꼬시래기 150g

부재료
양파 1/4개
당근 조금
고추장 1큰술
식초 1큰술
매실청 1큰술
설탕 1/2큰술
다진마늘 1/2큰술
참기름 1큰술

1   염장 꼬시래기는 30분 이상 물에 담가 소금기를 빼주세요.
2   깨끗하게 씻은 꼬시래기는 끓는 물에 넣어 10초 정도 데쳐주세요.
3   꼬시래기는 물기를 뺀 후 먹기 좋은 크기로 잘라주세요.
4   양파와 당근은 0.3cm 두께로 채 썰어 준비해 주세요.
5   볼에 꼬시래기, 양파, 당근을 담고, 고추장 1큰술, 식초 1큰술, 매실청 1큰술, 설탕 1/2큰술, 다진마늘 1/2큰술, 참기름 1큰술을 섞어 무쳐주세요.

돗나물장아찌

15분

수 금

-

주재료
돗나물 150g

부재료
청양고추 1개
홍고추 1개
물 150ml
진간장 100ml
식초 50ml
설탕 5큰술

1   돗나물을 깨끗하게 씻어주세요.
2   청양고추와 홍고추는 송송 썰어 준비해 주세요.
3   물 150ml, 진간장 100ml, 식초 50ml, 설탕 5큰술을 함께 끓인 후 차갑게 식혀주세요.
4   밀폐용기에 돗나물, 청양고추, 홍고추를 담고 간장물을 부어주세요.

돗나물무침

(화)(수)
-

주재료
돗나물 100g

부재료

양파 1/4개	매실청 1큰술
대파 1/4대	진간장 1/2큰술
고춧가루 1큰술	다진마늘 1/2큰술
고추장 1큰술	참기름 1큰술
식초 1큰술	깨 약간
설탕 1/2큰술	

10분

1 돗나물을 깨끗하게 씻어주세요.
2 양파와 대파는 0.3cm 두께로 채 썰어 준비해 주세요.
3 고춧가루 1큰술, 고추장 1큰술, 식초 1큰술, 설탕 1/2큰술, 매실청 1큰술, 진간장 1/2큰술, 다진마늘 1/2
큰술, 참기름 1큰술을 넣어 양념을 만들어 주세요.
4 볼에 돗나물, 양파, 대파, 양념장을 붓고 가볍게 무친 후 깨를 뿌려주세요.

상추겉절이

(월)(화)
-

주재료
상추 약 15장

부재료

양파 1/4개	식초 1큰술
대파 1/4대	설탕 1/2큰술
진간장 1큰술	매실청 1큰술
고춧가루 1.5큰술	참기름 1큰술
다진마늘 1/2큰술	

10분

1 상추를 깨끗하게 씻고, 먹기 좋은 크기로 썰어주세요.
2 양파와 대파는 0.3cm 두께로 채 썰어주세요.
3 진간장 1큰술, 고춧가루 1.5큰술, 다진마늘 1/2큰술, 식초 1큰술, 설탕 1/2큰술, 매실청 1큰술, 참기름
1큰술을 넣어 양념을 만들어요.
4 볼에 상추, 양파, 대파를 넣고 양념을 부어 가볍게 무쳐주세요.

반숙달걀장

(월)(화)(목)
-

주재료
달걀 6~8개

부재료

양파 1/4개	진간장 100ml
대파 1/4대	설탕 2큰술
청양고추 1개	다진마늘 1큰술
다시마 우린 물 200ml	소금 1큰술

15분

1 끓는 물에 소금 1큰술, 달걀을 넣어 7분 정도 반숙으로 삶아주세요.
2 삶은 달걀은 찬물에 넣어 식힌 다음 껍질을 까주세요.
3 양파, 대파, 청양고추는 잘게 다져서 준비해 주세요.
4 다시마 우린 물 200ml, 진간장 100ml, 설탕 2큰술, 다진마늘 1큰술을 끓인 후 차갑게 식혀주세요.
5 밀폐용기에 삶은 달걀, 양파, 대파, 청양고추를 담고 간장물을 부어주세요.
6 냉장고에 넣어 하루 정도 숙성해 주세요.

월
요
일

빨간 떡볶이 대신 색다른 궁중떡볶이 어때
요? 불고기용 소고기만 있으면 언제든 만
들 수 있는 간단한 메뉴예요.

궁중떡볶이

20분

주재료
불고기용 소고기 50g
떡볶이떡 200g(약 20개)

부재료
양파 1/4개
대파 1/4대
당근 조금
진간장 2큰술
맛술 1큰술
설탕 1큰술
다진마늘 1/2큰술
후추 약간
물 200ml
올리고당 1/2큰술
참기름 1큰술
깨 약간

1 양파와 대파는 0.3cm 두께로 채 썰고, 당근은 0.2cm 두께로 반달썰기 해주세요.
2 불고기용 소고기에 진간장 1큰술, 맛술 1큰술, 설탕 1큰술, 다진마늘 1/2큰술, 후추 약간 넣어 주물러 주세요.
3 프라이팬에 기름을 두르고 소고기를 먼저 볶다가 양파를 넣어 볶아주세요.
4 물 200ml를 붓고 떡볶이떡, 진간장 1큰술, 올리고당 1/2큰술, 당근을 넣어 끓여주세요.
5 국물이 적당히 졸아들면 대파를 넣고 마지막에 참기름 1큰술, 깨를 뿌려 마무리합니다.

바다 내음이 나는 김밥이 왔어요! 꼬들꼬들
한 식감에 짭조름한 맛이 별미예요.

꼬시래기김밥

30분 (+30분 소금기 빼기)

주재료
꼬시래기 100g
김밥김 3장

부재료
밥 1.5공기
당근 1/4개
달걀 2개
진간장 1큰술
맛술 1큰술
설탕 1/2큰술
소금 4꼬집
참기름 1/2큰술

1 염장 꼬시래기는 30분 이상 물에 담가 소금기를 빼주세요.
2 깨끗하게 씻은 꼬시래기는 끓는 물에 넣어 10초 정도 데친 후 물기를 빼주세요.
3 프라이팬에 꼬시래기, 진간장 1큰술, 맛술 1큰술, 설탕 1/2큰술 넣어 볶아주세요.
4 밥 1.5공기에 소금 2꼬집, 참기름 1/2큰술 넣어 섞은 후 식혀주세요.
5 당근은 0.5cm 굵기로 채 썰고 소금 2꼬집 넣어 볶아주세요.
6 달걀은 풀어 프라이팬에 조금씩 부어가며 얇게 부쳐 지단을 만들어 주세요.
7 달걀지단은 돌돌 말아 0.3cm 두께로 채 썰어주세요.
8 김 위에 밥을 올려 얇게 펴고 김 1/2장 올린 후 꼬시래기, 당근, 달걀지단을 원하는 양만큼 올려 돌돌 말아주세요.
9 김밥 윗면에 참기름을 바르고 적당한 두께로 썰어주세요.

수요일 특별한 재료가 없어도 야들야들하고 단짠단짠한 맛이 매력적
인 소불고기를 만들 수 있어요.

소불고기

20분 (+30분 재우기)

주재료	부재료	
불고기용 소고기 200g	양파 1/4개	올리고당 1/2큰술
	대파 1/4대	맛술 1큰술
	당근 조금	다진마늘 1/2큰술
	청양고추 1개	후추 약간
	진간장 2큰술	참기름 1큰술
	설탕 1큰술	

1 불고기용 소고기에 진간장 2큰술, 설탕 1큰술, 올리고당 1/2큰술, 맛술 1큰술, 다진마늘 1/2큰
 술, 후추 약간을 넣고 버무린 후 냉장고에 30분 정도 재워두세요.
2 양파, 대파, 당근은 0.3cm 크기로 채 썰고, 청양고추는 송송 썰어 준비해 주세요.
3 재워둔 소고기에 양파, 대파, 당근, 청양고추를 넣고 버무려 주세요.
4 프라이팬에 기름을 두르고 양념된 고기를 넣고 중불에서 볶아주세요.
5 참기름 1큰술을 넣어 한 번 더 볶아 마무리합니다.

목요일

달걀을 전처럼 부치면 색다른 메뉴가 탄생해요! 밥 반찬으로도, 간식으로도 좋은 메뉴랍니다.

달걀만두

20분 (+30분 불리기)

주재료	부재료	
달걀 3개	양파 1/4개	진간장 1큰술
당면 50g	대파 1/4대	설탕 1/2큰술
	당근 조금	소금 1/2작은술

1 당면은 물에 넣어 30분 정도 불려주세요.
2 불린 당면은 끓는 물에 넣어 삶은 후 건져내 1cm 길이로 썰어주세요.
3 당면에 진간장 1큰술, 설탕 1/2큰술을 넣어 섞어주세요.
4 양파, 대파, 당근은 잘게 다져주세요.
5 달걀에 소금 1/2작은술을 넣고 골고루 풀어주세요.
6 달걀에 당면, 양파, 대파, 당근을 넣어 섞어주세요.
7 프라이팬에 식용유를 두르고 달걀물을 1숟가락씩 올려 동그랗게 부쳐주세요.
8 달걀물이 반쯤 익으면 반으로 접어 노릇하게 부쳐주세요.

슴슴한 달걀김밥과 매콤한 떡꼬치의 만남!
분식집에 가지 않아도 되는 최강 메뉴 조합이
지요.

달걀김밥

25분

주재료
달걀 4개
김밥김 1장

부재료
밥 1/2공기
당근 조금
양파 1/4개
대파 1/4대
소금 6꼬집
참기름 1/2큰술

1 당근, 양파, 대파는 잘게 다져 준비해 주세요.
2 달걀을 풀고 소금 4꼬집, 당근, 양파, 대파를 넣어 섞어주세요.
3 프라이팬에 식용유를 두르고 약불에서 달걀물을 조금씩 부어
가며 타원형으로 말아주세요.
4 밥 1/2공기에 소금 2꼬집, 참기름 1/2큰술을 넣어 섞은 후 식혀
주세요.
5 김 위에 밥을 올려 얇게 펴고 달걀말이를 올려 돌돌 말아주
세요.
6 김밥 윗면에 참기름을 바르고 적당한 두께로 썰어주세요.

떡꼬치

15분

주재료
떡볶이떡 15개

부재료
나무꼬치 3개
고추장 1큰술
진간장 1큰술
케첩 2큰술
설탕 2큰술
물 3큰술

1 떡볶이떡을 꼬치에 끼워 준비해 주세요.
2 프라이팬에 식용유를 두르고 떡볶이떡을 앞뒤로 노릇하게 구
워주세요.
3 고추장 1큰술, 진간장 1큰술, 케첩 2큰술, 설탕 2큰술, 물 3큰
술을 섞어 소스를 만들어 주세요.
4 떡꼬치에 소스를 바르고 앞뒤로 더 구워주세요.

밑반찬

달걀샐러드

톳무침

보리새우볶음

톳두부무침

오이고추된장무침

요일별

도시락 구성

(밑반찬 5가지 중
2~3가지를 그날의
메인 반찬과
구성해보세요.)

㉠ 닭날개구이

  톳두부무침

  달걀샐러드

  오이고추된장무침

㉡ 소시지야채볶음

  보리새우볶음

  달걀샐러드

  톳두부무침

㉢ 동그랑땡

  톳무침

  오이고추된장무침

  보리새우볶음

(목) 오이고추전
　　톳두부무침
　　달걀샐러드
　　보리새우볶음

(금) 소떡소떡
　　보리새우볶음
　　톳무침
　　오이고추된장무침

장보기 목록

닭날개 200g	2,844원
보리새우 100g	5,000원
돼지고기다짐육 300g	3,864원
비엔나소시지 240g	4,780원
톳 200g	2,300원
두부 1모	1,300원
오이고추 12개	4,980원
합계	25,068원

보리새우볶음

(화)(수)(목)(금)

-

주재료
보리새우 2컵

부재료
맛술 1큰술
진간장 1큰술
물 1큰술
올리고당 1큰술

(10분)

1 프라이팬에 식용유를 두르지 않고 보리새우를 2분 정도 가볍게 볶아주세요.
2 보리새우를 체에 건져 털어주세요.
3 프라이팬에 식용유를 두르고 보리새우와 맛술 1큰술을 넣어 1분 정도 볶아주세요.
4 진간장 1큰술, 물 1큰술을 넣어 더 볶아주세요.
5 불을 끈 상태에서 올리고당 1큰술을 넣고 섞어주세요.

달걀샐러드

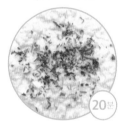

(월)(화)(목)

-

주재료
달걀 5개

부재료
마요네즈 3큰술
설탕 1큰술
소금 1큰술+소금 2꼬집
허니머스터드 1/2큰술
파슬리 조금

(20분)

1 끓는 물에 소금 1큰술과 달걀 5개를 넣고 10분 정도 삶아주세요.
2 삶은 달걀을 찬물에 담가 식힌 다음 껍질을 까주세요.
3 노른자와 흰자를 분리해서 각각 으깨주세요.
4 볼에 으깬 노른자와 흰자를 넣고, 마요네즈 3큰술, 설탕 1큰술, 소금 2꼬집, 허니머스터드 1/2큰술, 파슬리를 넣어 섞어주세요.

톳무침

⑨ ⑩
-
주재료
톳 100g

15분
(+30분 소금기 빼기)

부재료
양파 1/4개	식초 1큰술
당근 조금	매실청 1큰술
고추장 1큰술	참기름 1큰술
진간장 1/2큰술	깨 약간
고춧가루 1/2큰술	

1 염장 톳은 30분 이상 물에 담가 소금기를 빼주세요.
2 깨끗하게 씻은 톳은 끓는 물에 넣어 1분 정도 데쳐주세요.
3 톳은 물기를 뺀 후 먹기 좋은 크기로 잘라주세요.
4 양파와 당근은 0.3cm 굵기로 채 썰어서 준비해 주세요.
5 볼에 톳, 양파, 당근을 넣고 고추장 1큰술, 진간장 1/2큰술, 고춧가루 1/2큰술, 식초 1큰술, 매실청 1큰
   술, 참기름 1큰술을 넣어 섞은 후 깨를 뿌려 마무리합니다.

톳두부무침

⑩ ⑪ ⑫
-
주재료
톳 100g
두부 1/2모

15분
(+30분 소금기 빼기)

부재료
국간장 1큰술	참기름 1큰술
다진마늘 1/2큰술	깨 약간
소금 3꼬집	

1 염장 톳은 30분 이상 물에 담가 소금기를 빼주세요.
2 깨끗하게 씻은 톳은 끓는 물에 넣어 1분 정도 데쳐주세요.
3 톳은 물기를 뺀 후 먹기 좋은 크기로 잘라주세요.
4 두부는 끓는 물에 넣어 30초 정도 데친 후 물기를 빼고 으깨주세요.
5 볼에 톳, 두부를 넣고 국간장 1큰술, 다진마늘 1/2큰술, 소금 3꼬집, 참기름 1큰술을 섞은 후 깨를 뿌려
   마무리합니다.

오이고추된장무침

⑩ ⑪ ⑫
-
주재료
오이고추 8개

10분

부재료
된장 1큰술	다진마늘 1큰술
고추장 1/3큰술	참기름 1큰술
고춧가루 1/2큰술	깨 약간
매실청 1큰술	

1 오이고추는 2cm 길이로 썰어주세요.
2 볼에 오이고추를 넣고 된장 1큰술, 고추장 1/3큰술, 고춧가루 1/2큰술, 매실청 1큰술, 다진마늘 1큰술,
   참기름 1큰술을 섞은 후 깨를 뿌려 마무리합니다.

월

요

일

단짠단짠 메뉴의 정석, 닭날개구이입니다! 에
어프라이어에 구워 겉은 바삭하고 속은 촉촉
해요.

닭날개구이

40분

주재료
닭날개 200g (약 8개)

부재료
진간장 2큰술
맛술 1큰술
설탕 1/2큰술
올리고당 1/2큰술
다진마늘 1/2큰술
후추 약간

1 닭날개는 깨끗하게 씻어 물기 닦고 칼집을 내 준비해 주세요.
2 진간장 2큰술, 맛술 1큰술, 설탕 1/2큰술, 올리고당 1/2큰술,
  다진마늘 1/2큰술, 후추 약간 섞어 소스를 만들어 주세요.
3 닭날개에 소스의 2/3 정도 넣어 주물러 주세요.
4 에어프라이어에서 180도로 10분 익힌 뒤, 뒤집어서 소스를
  덧바르고 10분 익혀주세요.

  * 에어프라이어의 온도와 시간은 기종마다 달라요.
  * 닭의 잡내를 제거하려면 우유에 30분 정도 재워두기를 추천해요.

화 요일

정말 간단하게 만들 수 있는 도시락 추천 메뉴예요! 소시지
와 채소를 내 맘대로 가득 넣어 달달하게 만들어 보세요.

소시지야채볶음

15분

주재료
비엔나소시지 약 20개

부재료
양파 1/4개
당근 조금
대파 1/4대
케첩 2큰술

굴소스 1큰술
올리고당 1큰술
깨 약간

1 양파와 당근은 0.3cm 굵기로 썰고 대파는 어슷썰기 해주세요.
2 비엔나소시지에 칼집을 내주세요.
3 프라이팬에 식용유를 두르고 양파를 먼저 볶다가 비엔나소시
   지와 당근을 넣어 볶아주세요.
4 케첩 2큰술, 굴소스 1큰술, 올리고당 1큰술을 넣어 더 볶아주
   세요.
5 대파를 넣고 한 번 더 볶은 후 깨 뿌려서 마무리합니다.

요일

돼지고기다짐육과 두부, 채소를 다져 넣어 동글동글하게 만들
면 수제 동그랑땡 완성!

동그랑땡

30분

주재료
돼지고기다짐육 150g
두부 1/4모
달걀 1개

부재료
양파 1/4개
당근 조금
대파 흰 부분 1/4대
청양고추 1개

진간장 1큰술
설탕 1/3큰술
소금 적당량
후추 적당량

1　양파, 당근, 대파, 청양고추는 잘게 다져서 준비해 주세요.
2　두부는 물기를 빼고 으깨주세요.
3　돼지고기다짐육에 두부, 양파, 당근, 대파, 청양고추를 넣어주세요.
4　소금과 후추를 적당량 뿌리고, 진간장 1큰술, 설탕 1/3큰술 섞어주세요.
5　반죽을 한입 크기의 동그란 모양으로 만들어 주세요.
6　달걀을 풀고 동그란 반죽에 달걀물을 입혀주세요.
7　프라이팬에 식용유를 두르고 동그랑땡 반죽을 올려 약불에서 익혀주세요.

목 요일

동그랑땡만 먹기 지루하다면 오이고추에 동그랑땡 반죽을 넣어 부쳐보세요. 아삭하고 매콤한 색다른 메뉴가 된답니다.

오이고추전

25분

주재료	부재료	
오이고추 4개	양파 1/4개	설탕 1/3큰술
돼지고기다짐육 150g	당근 조금	소금 적당량
두부 1/4 모	대파 흰 부분 1/4대	후추 적당량
달걀 1개	청양고추 1개	부침가루 1큰술
	진간장 1큰술	

1 양파, 당근, 대파, 청양고추는 잘게 다져서 준비해 주세요.

2 두부는 물기를 빼고 으깨주세요.

3 돼지고기다짐육에 두부, 양파, 당근, 대파, 청양고추를 넣어주세요.

4 소금과 후추를 적당량 뿌리고, 진간장 1큰술, 설탕 1/3큰술 섞어주세요.

5 오이고추는 반으로 썰고 씨를 제거해 주세요.

6 오이고추에 부침가루를 묻히고 오이고추 속에 동그랑땡 반죽을 채워 넣어주세요.

7 달걀을 풀고 오이고추에 달걀물을 입힌 후 프라이팬에 식용유를 두르고 약불에서 익혀주세요.

＊ 동그랑땡 레시피(p.45)의 2배를 만들어 반은 동그랑땡을 만들고 남은 반죽을 여기에 사용하면 편해요.

휴게소 단골 메뉴인 매콤달콤한 소떡소떡이 왔어요.

소떡소떡

15분

주재료	부재료	
떡볶이떡 9개	나무꼬치 3개	케첩 2큰술
비엔나소시지 6개	고추장 1큰술	설탕 2큰술
	진간장 1큰술	물 3큰술

* 1주차에 사용하고 남은 떡볶이 떡을 사용해요.

1 떡볶이떡과 비엔나소시지를 번갈아가며 꼬치에 끼워 준비해 주세요.

2 프라이팬에 식용유를 두르고 떡과 소세지를 앞뒤로 노릇하게 구워주세요.

3 고추장 1큰술, 진간장 1큰술, 케첩 2큰술, 설탕 2큰술, 물 3큰술을 섞어 소스를 만들어 주세요.

4 떡과 소시지에 소스를 바르고 앞뒤로 더 구워주세요.

밑반찬

봄동된장무침
버터감자구이
표고버섯장조림
쑥갓무침
봄동겉절이

**요일별
도시락 구성**

(밑반찬 5가지 중
2~3가지를 그날의
메인 반찬과
구성해보세요.)

(월) 달래전
　　쑥갓무침
　　표고버섯장조림
　　양념장

(화) 소고기감자조림
　　봄동겉절이
　　봄동된장무침
　　김치

(수) 소고기버섯솥밥
　　두부구이/달래장
　　봄동겉절이
　　쑥갓무침
　　버터감자구이

(목) 떡갈비

쑥갓무침

봄동된장무침

김치

(금) 두부조림

표고버섯장조림

봄동된장무침

버터감자구이

장보기 목록

달래 1팩	2,690원
표고버섯 200g	3,200원
소고기다짐육 400g	9,492원
돼지고기다짐육 100g	1,288원
쑥갓 200g	1,780원
두부 1모	1,300원
감자 500g	3,000원
봄동 2포기	3,000원
합계	25,750원

버터감자구이

15분

ⓢ ⓕ
-

주재료
감자 2~3개

부재료
버터 1큰술
소금 1작은술
설탕 2큰술

1 감자는 깍둑썰기 하고 끓는 물에 넣어 반 정도 익혀 건져 주세요.
2 프라이팬에 버터 1큰술, 감자, 소금 1작은술 넣어 볶아주세요.
3 감자가 노릇하게 구워지면 불을 끄고 설탕 2큰술 넣어 한 번 더 볶아주세요.

쑥갓무침

10분

ⓜ ⓢ ⓣ
-

주재료
쑥갓 200g

부재료
국간장 1/2큰술
다진마늘 1큰술
참기름 1큰술
깨 적당량

1 쑥갓은 끓는 물에 10초 정도 데치고 물기를 짜주세요.
2 데친 쑥갓을 3cm 길이로 썰어주세요.
3 쑥갓에 국간장 1/2큰술, 다진마늘 1큰술, 참기름 1큰술 넣어 무쳐주세요.
4 깨를 뿌려 마무리합니다.

표고버섯장조림

(월) (금)
-
주재료
표고버섯 100g(약 5개)

부재료
청양고추 1개
물 200ml
진간장 2큰술
올리고당 1큰술
깨 약간

20분

1 표고버섯은 0.5cm 두께로 썰고, 청양고추는 송송 썰어주세요.
2 물 200ml, 진간장 2큰술, 올리고당 1큰술을 끓여주세요.
3 물이 끓으면 표고버섯을 넣고 졸여주세요.
4 양념이 반쯤 졸아들면 청양고추를 넣고 더 조려주세요.
5 깨를 뿌려 마무리합니다.

봄동된장무침

(화) (목) (금)
-
주재료
봄동 1포기

부재료
된장 1큰술
고춧가루 1/2큰술
매실청 1큰술
다진마늘 1큰술
참기름 1큰술
깨 약간

10분

1 봄동은 끓는 물에 10초 정도 데치고 물기를 짜주세요.
2 봄동은 3cm 길이로 썰어주세요.
3 볼에 봄동, 된장 1큰술, 고춧가루 1/2큰술, 매실청 1큰술, 다진마늘 1큰술, 참기름 1큰술, 깨를 넣어 무쳐주세요.

봄동겉절이

(화) (수)
-
주재료
봄동 1포기

부재료
고춧가루 3큰술
멸치액젓 2큰술
매실청 2큰술
식초 1/2큰술
다진마늘 1큰술
참기름 1큰술
깨 약간

10분

1 봄동은 깨끗하게 씻고 3cm 길이로 썰어주세요.
2 볼에 봄동, 고춧가루 3큰술, 멸치액젓 2큰술, 매실청 2큰술, 식초 1/2큰술, 다진마늘 1큰술, 참기름 1큰술, 깨를 넣어 무쳐주세요.

월
요
일

봄 향기 물씬, 제철 재료인 달래를 동그랗게 말아 크리스마스 리스같이 예쁜 전으로 부쳤어요. 보기에도 좋고 맛도 좋은 달래전이랍니다.

달래전

20^분

주재료
달래 50g

부재료
부침가루 1국자
찬물 1국자

1 달래는 뿌리 부분을 손질하고 깨끗하게 씻어주세요.
2 달래는 3~4가닥씩 잡고 동그랗게 말아 끝을 꼬아주세요.
3 부침가루와 찬물은 1:1 비율로 섞어주세요.
4 달래에 부침반죽을 입혀주세요.
5 프라이팬에 식용유를 두르고 달래를 올려 부쳐주세요.

화
요
일

감자와 소고기가 만나면 별미랍니다. 감자조림
이 지루할 땐 소고기를 넣어보세요!

소고기감자조림

20분

주재료
소고기다짐육 100g
감자 1~2개

부재료
당근 1/4개
진간장 3큰술
맛술 1큰술
후추 약간
물 150ml
올리고당 2큰술
다진마늘 1큰술
참기름 1큰술

1 감자와 당근은 2cm 두께로 깍둑썰기 해주세요.
2 소고기다짐육에 진간장 1큰술, 맛술 1큰술, 후추 약간을 넣어 밑간해 주세요.
3 프라이팬에 식용유를 두르고 밑간한 소고기다짐육을 볶아 주세요.
4 소고기다짐육이 익으면 감자와 당근을 넣어 함께 볶다가 물 150ml, 진간장 2큰술, 올리고당 2큰술, 다진마늘 1큰술을 넣고 조려주세요.
5 참기름 1큰술을 넣어 한 번 더 볶아주세요.

수
요
일

건강한 집밥 세트 메뉴를 소개해요. 향긋한 달
래장을 솥밥 위에 올려 비벼 먹고, 달래장에 두
부구이도 찍어 먹으면 일석이조!

소고기버섯솥밥

30분 (+30분 쌀 불리기)

주재료
소고기다짐육 100g
표고버섯 100g(5개)

부재료
쌀 1컵
다시마 우린 물 1컵
쪽파 약 5대
진간장 1.5큰술
설탕 1/2큰술
맛술 1큰술
버터 1큰술

1 쌀을 씻어서 30분 정도 불려주세요.
2 표고버섯은 0.3cm 두께로 썰고, 쪽파는 잘게 송송 썰어 준비해 주세요.
3 소고기다짐육에 진간장 1큰술, 설탕 1/2큰술, 맛술 1큰술을 넣고 볶아주세요.
4 무쇠솥에 불린 쌀과 다시마 우린 물 1컵을 넣고 진간장 1/2큰술을 넣어주세요.
5 한 번 끓어오르면 저어주고 표고버섯을 올린 후 뚜껑을 덮어 중약불에 10분, 약불에 5분 정도 끓여주세요.
6 밥 위에 쪽파, 소고기다짐육, 버터 1큰술을 올리고 뚜껑을 덮은 후 10분 정도 뜸 들여주세요.

두부구이/달래장

15분

주재료
두부 1/2모
달래 1줌

부재료
진간장 4큰술
매실청 2큰술
고춧가루 1큰술
참기름 2큰술
깨 적당량

1 두부는 1cm 두께로 썰어주세요.
2 프라이팬에 식용유를 두르고 두부를 앞뒤로 노릇하게 부쳐주세요.
3 달래는 뿌리 부분을 손질하고 깨끗하게 씻어주세요.
4 달래는 1cm 두께로 썰어주세요.
5 달래, 진간장 4큰술, 매실청 2큰술, 고춧가루 1큰술, 참기름 2큰술, 깨를 섞어 달래장을 만들어 주세요.

목 요일

집에서도 손쉽게 맛있는 떡갈비를 만들어 먹어요. 내 마음대로 두툼하고 큼직하게 만들 수 있어요!

떡갈비

30분

주재료	부재료	
소고기다짐육 200g	양파 1/4개	맛술 1큰술
돼지고기다짐육 100g	대파 흰 부분 1/4대	다진마늘 1큰술
	청양고추 1개	후추 약간
	진간장 2큰술	전분가루 1큰술
	설탕 1큰술	

1   양파, 대파, 청양고추는 잘게 다져서 준비해 주세요.
2   소고기다짐육과 돼지고기다짐육에 양파, 대파, 청양고추를 넣어주세요.
3   진간장 2큰술, 설탕 1큰술, 맛술 1큰술, 다진마늘 1큰술, 후추 약간, 전분가루 1큰술 넣고 주물러 반죽을 만들어 주세요.
4   적당한 크기로 동그랗고 납작하게 만들어 주세요.
5   프라이팬에 식용유를 두르고 떡갈비를 올려 앞뒤로 노릇하게 익혀주세요.

요일

두부! 하면 가장 먼저 생각나는 기본 반찬이에요. 다른 반찬이 필요 없을 정도로 매콤하고 맛있어요.

두부조림

15분

주재료	부재료	
두부 1/2모	물 50ml	고춧가루 1큰술
	대파 조금	설탕 1큰술
	청양고추 1/2개	다진마늘 1/2큰술
	진간장 1.5큰술	참기름 1/2큰술

1 두부는 1cm 두께로 썰고, 대파와 청양고추는 0.3cm 굵기로 썰어주세요.
2 대파, 청양고추, 물 50ml, 진간장 1.5큰술, 고춧가루 1큰술, 설탕 1큰술, 다진마늘 1/2큰술, 참기름 1/2큰술 섞어 양념을 만들어 주세요.
3 프라이팬에 식용유를 두르고 두부를 앞뒤로 노릇하게 부쳐주세요.
4 양념장을 붓고 조려주세요.

밑반찬

부추무침
애호박볶음
느타리버섯볶음
냉이된장무침
깻잎무침

**요일별
도시락 구성**

(밑반찬 5가지 중
2~3가지를 그날의
메인 반찬과
구성해보세요.)

㉱ 애호박멘보샤
　느타리버섯볶음
　냉이된장무침
　부추무침

㉵ 보리새우부추전
　깻잎무침
　애호박볶음
　양념장

㈬ 냉이참치김밥
　느타리버섯볶음
　깻잎무침
　김치

(목) 새우덮밥

　애호박볶음

　부추무침

　냉이된장무침

(금) 냉이솥밥

　김치전

　느타리버섯볶음

　깻잎무침

　양념장

장보기 목록

칵테일새우 200g	6,500원
냉이 250g	6,560원
캔참치 1개	2,620원
애호박 1개	1,500원
깻잎 1봉	1,580원
부추 200g	3,480원
느타리버섯 200g	1,090원
합계	23,330원

애호박볶음

(15분)

(화)(목)

-

주재료
애호박 1/2개

부재료
양파 1/4개
다진마늘 1큰술
새우젓 1/2큰술
깨 약간

1 애호박과 양파는 0.3cm 두께로 채 썰어서 준비해주세요.
2 프라이팬에 식용유를 두르고 다진마늘 1큰술 넣어 볶다가 애호박,
   양파 넣어 볶아주세요.
3 애호박의 숨이 약간 죽으면 새우젓 1/2큰술 넣고 더 볶아주세요.
4 깨 뿌려 마무리합니다.

부추무침

(10분)

(월)(목)

-

주재료
부추 100g

부재료
양파 1/4개
멸치액젓 1큰술
고춧가루 1큰술
설탕 1/2큰술
매실청 1큰술
다진마늘 1/2큰술
깨 약간

1 부추는 5cm 길이로 썰고, 양파는 부추 정도 두께로 채 썰어주세요.
2 볼에 부추, 양파를 담고 멸치액젓 1큰술, 고춧가루 1큰술, 설탕 1/2
   큰술, 매실청 1큰술, 다진마늘 1/2큰술 넣어 가볍게 무쳐주세요.
3 깨 뿌려 마무리합니다.

깻잎무침

(화)(수)(금)
-

주재료
깻잎 15~20장

부재료
대파 1/4대	멸치액젓 1큰술
양파 1/4개	다진마늘 1큰술
청양고추 1개	설탕 1큰술
고춧가루 2큰술	매실청 1큰술
진간장 2큰술	물 50ml

1 대파, 양파, 청양고추는 잘게 다져주세요.
2 고춧가루 2큰술, 진간장 2큰술, 멸치액젓 1큰술, 다진마늘 1큰술, 설탕 1큰술, 매실청 1큰술, 물 50ml 섞어 양념장 만들어 주세요.
3 양념장에 다진 대파, 양파, 청양고추를 넣어 섞어주세요.
4 밀폐용기에 양념장 1큰술 넣고 깻잎 1장 올린 후, 그 위에 양념장 1/2큰술 넣고 또 그 위에 깻잎을 올리는 순서로 반복해 주세요.

냉이된장무침

(월)(목)
-

주재료
냉이 100g

부재료
된장 1/2큰술	참기름 1큰술
다진마늘 1/2큰술	깨 약간
매실청 1큰술	

1 냉이의 뿌리 부분은 칼로 긁어내고 깨끗하게 씻은 후 끓는 물에 3분 정도 데쳐주세요.
2 냉이는 물기를 짜고 먹기 좋은 크기로 썰어주세요.
3 된장 1/2큰술, 다진마늘 1/2큰술, 매실청 1큰술, 참기름 1큰술 넣어 가볍게 무친 후 깨를 뿌려 마무리 합니다.

느타리버섯볶음

(월)(수)(금)
-

주재료
느타리버섯 150g

부재료
양파 1/4개	소금 1/2작은술
당근 조금	참기름 1큰술
다진마늘 1큰술	깨 약간

1 느타리버섯은 끝부분을 잘라내고, 양파와 당근은 0.3cm 두께로 채 썰어서 준비해 주세요.
2 프라이팬에 식용유를 두르고 다진마늘 1큰술 넣어 볶다가 느타리버섯, 양파 넣어 볶아주세요.
3 느타리버섯의 숨이 약간 죽으면 당근 넣고, 소금 1/2작은술 넣어 더 볶다가 참기름 1큰술을 넣고 한 번 더 볶아주세요.
4 깨 뿌려 마무리합니다.

월
요
일

조금 색다른 도시락 반찬을 원한다면 애호박 멘보샤 어때요? 식빵대신 애호박을 써서 건강과 맛, 두 가지 다 챙겨요!

애호박멘보샤

25분

주재료
애호박 1/2개
칵테일새우 100g

부재료
부침가루 1큰술
달걀 1개
소금 적당량
후추 약간

1 애호박은 0.5cm 두께로 둥글게 썰어주세요.
2 애호박에 소금을 뿌려 밑간을 하고 앞뒤로 부침가루를 묻혀주세요.
3 새우는 잘게 다지고 후추 약간, 부침가루 1/2큰술을 섞어주세요.
4 애호박 위에 다진 새우 1숟가락 올리고 그 위를 애호박으로 덮어주세요.
5 애호박 앞뒤로 달걀물을 묻혀주세요.
6 프라이팬에 식용유를 두르고 애호박을 올려 약불에 새우가 익도록 부쳐주세요.

부추전에 보리새우를 꼭 넣어보세요! 고소한 향이 솔솔, 계속 집어 먹고 싶어질걸요?

보리새우부추전

20분

주재료
부추 100g
보리새우 1줌

부재료
청양고추 2개
부침가루 1국자
찬물 1국자

* 2주차에 사용하고 남은 보리새우를 사용해요.

1 부추는 1cm 길이로 썰고, 청양고추는 잘게 썰어주세요.
2 보리새우는 반만 갈아서 준비해 주세요.
3 부추, 보리새우, 청양고추, 부침가루 1국자, 찬물 1국자를 섞어 반죽을 만들어 주세요.
4 프라이팬에 식용유를 두르고 반죽을 올려 노릇하게 부쳐주세요.

수요일

냉이참치김밥

40분

주재료	부재료	
캔참치 1개	김밥김 3장	마요네즈 2큰술
냉이 100g	밥 1.5공기	소금 4꼬집
	당근 1/4개	참기름 1/2큰술
	달걀 2개	

1 냉이의 뿌리 부분은 칼로 긁어내고 깨끗하게 씻은 후 끓는 물에 3분 정도 데쳐주세요.

2 냉이는 물기를 짜고 먹기 좋은 크기로 썰어주세요.

3 밥 1.5공기에 소금 2꼬집, 참기름 1/2큰술 넣어 섞은 후 식혀주세요.

4 참치는 기름을 빼고 마요네즈 2큰술 넣어 섞어주세요.

5 당근은 가늘게 채 썰고 소금 2꼬집 넣어 볶아주세요.

6 달걀은 풀어 프라이팬에 조금씩 올려 얇게 부쳐 지단을 만들어 주세요.

7 달걀지단은 돌돌 말아 0.3cm 굵기로 채 썰어주세요.

8 김 위에 밥을 올려 얇게 펴고 김 1/2장 올린 후 참치, 냉이, 당근, 달걀지단을 원하는 양만큼 올려 돌돌 말아주세요.

9 김밥 윗면에 참기름을 바르고 적당한 두께로 썰어주세요.

집에서도 중식 스타일 새우덮밥을 만들어보세요. 새우 외에 다양한 해물을 넣어도 좋아요!

새우덮밥

주재료
칵테일새우 100g
느타리버섯 50g

부재료
양파 1/4개
대파 1/4대
청양고추 1~2개
물 200ml
진간장 1큰술
굴소스 1큰술
전분물 적당량
후추 약간

1. 양파와 대파, 청양고추는 0.3cm 두께로 썰어주세요.
2. 프라이팬에 식용유를 두르고 대파, 양파를 넣어 볶아주세요.
3. 새우를 넣고 후추를 약간 뿌린 후 새우를 볶아주세요.
4. 느타리버섯도 넣고 볶다가 물 200ml, 진간장 1큰술, 굴소스 1큰술, 청양고추를 넣어 끓여주세요.
5. 전분물을 조금씩 넣어 농도를 맞춰주세요.

집안에 향긋한 냉이 향이 가득! 봄에 꼭 해먹
어야 할 냉이솥밥과 어울리는 김치전을 준비
했어요.

냉이솥밥

30분 (+30분 쌀 불리기)

주재료
냉이 50g

부재료
쌀 1컵
다시마 우린 물 1컵
당근 조금
진간장 1/2큰술

1 쌀을 씻어 30분 정도 불려주세요.
2 냉이의 뿌리 부분은 칼로 긁어내고 깨끗하게 씻어주세요.
3 당근은 1cm 두께로 깍둑썰기해주세요.
4 무쇠솥에 불린 쌀과 다시마 우린 물 1컵을 넣고 진간장 1/2큰술을 넣어주세요.
5 밥이 한 번 끓어오르면 젓고 냉이와 당근을 올린 후 뚜껑을 덮어 중약불에 10분, 약불에 5분 정도 끓여주세요.
6 불 끄고 10분 정도 뜸 들여주세요.

김치전

15분

주재료
김치 1컵

부재료
부침가루 1/2국자
찬물 1/2국자
고춧가루 1큰술
설탕 1/2큰술

1 김치는 잘게 썰어서 준비해 주세요.
2 김치, 부침가루 1/2국자, 찬물 1/2국자, 고춧가루 1큰술, 설탕 1/2큰술을 섞어 반죽을 만들어 주세요.
3 프라이팬에 식용유를 두르고 반죽을 올려 노릇하게 부쳐주세요.

한 달 에 10 만 원 도시락 만들기

PART

2

여름

여름은 아무래도 지치기 쉬운 계절이죠. 그래서 잃어버린 입맛을 찾아 줄 볶음밥, 덮밥, 솥밥 등 다양한 메뉴를 도시락에 넣었어요.

여름 도시락 식단표

주	요일	메인 반찬 1	메인 반찬 2
1주차	월	게살볶음밥	도토리묵무침
	화	돈가스	
	수	탕수육	
	목	가츠동	일본식달걀말이
	금	크래미오이롤	묵사발
2주차	월	달걀롤밥	해파리냉채
	화	표고버섯덮밥	청포묵전
	수	초계탕	
	목	콩나물밥	탕평채
	금	치킨마요볶음밥	
3주차	월	케일쌈밥	강된장
	화	깻잎쌈밥	가지탕수
	수	애호박전&가지전	
	목	열무비빔밥말이	케일달걀말이
	금	가지솥밥	두부김치
4주차	월	참나물주먹밥	닭다리구이
	화	다시마쌈밥	오징어초무침
	수	닭다리죽	
	목	매운어묵김밥	
	금	충무김밥	오징어볶음

※ 여름 4주 식단표입니다. 메인 반찬을 제외한 밑반찬 5종, 김치, 양념장 등을 겹치지 않게 3가지씩 도시락에 구성합니다.

밑반찬 1	밑반찬 2	밑반찬 3
감자샐러드	매운팽이버섯볶음	크래미오이냉채
감자샐러드	오이무침	돈가스 소스
크래미오이냉채	오이무침	매운감자조림
매운감자조림	매운팽이버섯볶음	오이무침
감자샐러드	매운팽이버섯볶음	매운감자조림
매운콩나물무침	표고버섯볶음	콘샐러드
오이탕탕이	닭가슴살냉채	양념장
매운콩나물무침	표고버섯볶음	김치
닭가슴살냉채	콘샐러드	양념장
콘샐러드	오이탕탕이	표고버섯볶음
깻순볶음	가지볶음	열무김치
케일무침	단호박샐러드	김치
깻순볶음	단호박샐러드	양념장
가지볶음	단호박샐러드	김치
케일무침	깻순볶음	열무김치
꽈리고추찜	다시마무침	김치
참나물무침	꽈리고추찜	단무지무침
미나리장아찌	꽈리고추찜	김치
다시마무침	미나리장아찌	참나물무침
다시마무침	단무지무침	미나리장아찌

밑반찬

감자샐러드
매운감자조림
크래미오이냉채
매운팽이버섯볶음
오이무침

**요일별
도시락 구성**

(밑반찬 5가지 중
2~3가지를 그날의
메인 반찬과
구성해보세요.)

🟣월 게살볶음밥
　　도토리묵무침
　　감자샐러드
　　매운팽이버섯볶음
　　크래미오이냉채

🟣화 돈가스
　　감자샐러드
　　오이무침
　　돈가스 소스

🟣수 탕수육
　　크래미오이냉채
　　오이무침
　　매운감자조림

(목) 가츠동

　일본식달걀말이

　매운감자조림

　매운팽이버섯볶음

　오이무침

(금) 크래미오이롤

　묵사발

　감자샐러드

　매운팽이버섯볶음

　매운감자조림

장보기 목록

감자 500g	3,000원
돼지 등심 500g	7,000원
달걀 30구	7,000원
오이 3개	3,000원
도토리묵 300g	3,990원
크래미 2팩(360g)	5,520원
팽이버섯 300g	1,000원
상추 100g	1,500원
합계	32,010원

매운감자조림

(수)(목)(금)
-
주재료
감자 2~3개

15분

부재료
대파 1/4대
물 100ml
고추장 1큰술
고춧가루 1/2큰술
진간장 2큰술
올리고당 2큰술
맛술 1큰술
다진마늘 1/2큰술

1 감자는 껍질을 벗긴 후 3cm 크기로 깍둑썰기 하고 대파는 0.2cm 두께로 송송 썰어주세요.
2 프라이팬에 식용유를 두르고 감자를 넣어 살짝 볶아주세요.
3 물 100ml, 고추장 1큰술, 고춧가루 1/2큰술, 진간장 2큰술, 올리고당 2큰술, 맛술 1큰술, 다진마늘 1/2큰술을 넣어 조리다가 마지막에 대파를 넣어주세요.

크래미오이냉채

(월)(수)
-
주재료
오이 1개
크래미 5개

15분

부재료
연겨자 1/2큰술
식초 2큰술
설탕 1큰술
다진마늘 1/2큰술
맛술 1/2큰술

1 오이는 3등분 후 돌려깍기 하고 0.2cm 굵기로 채 썰어주세요.
2 크래미는 손으로 잘게 찢어 주세요.
3 볼에 오이, 크래미를 넣고 연겨자 1/2큰술, 식초 2큰술, 설탕 1큰술, 다진마늘 1/2큰술, 맛술 1/2큰술을 넣어 가볍게 무쳐주세요.

감자샐러드

(월)(화)(금)

30분

주재료
감자 2~3개
달걀 2개

부재료
당근 조금
양파 1/4개
오이 1/3개
소금 1/2작은술

마요네즈 3큰술
설탕 1큰술
후추 약간

1. 감자는 껍질을 벗긴 후 삶아서 볼에 담아 뜨거울 때 으깨주세요.
2. 달걀은 끓는 물에 넣어 10분 정도 삶은 후 흰자와 노른자를 분리해 으깨주세요.
3. 당근과 양파는 잘게 다지고, 오이는 0.2cm 굵기로 반달썰기 하고 소금 1/2작은술 넣어 10분 절인 후 물기를 짜주세요.
4. 볼에 으깬 감자와 달걀, 당근, 양파, 오이를 넣고 마요네즈 3큰술, 설탕 1큰술, 후추 약간 넣어 섞어주세요.

매운팽이버섯볶음

(월)(목)(금)
-

15분

주재료
팽이버섯 300g

부재료
대파 1/4대
청양고추 1개
고추장 1큰술
고춧가루 1큰술
진간장 1큰술

설탕 1큰술
물 3큰술
참기름 1큰술
다진마늘 1큰술

1. 팽이버섯은 밑동을 자르고, 대파와 청양고추는 0.2cm 두께로 송송 썰어주세요.
2. 고추장 1큰술, 고춧가루 1큰술, 진간장 1큰술, 설탕 1큰술, 물 3큰술, 참기름 1큰술, 대파와 청양고추를 섞어 양념장을 만들어 주세요.
3. 프라이팬에 식용유를 두르고 다진마늘 1큰술을 넣어 볶아주세요.
4. 팽이버섯을 넣어 살짝 볶다가 양념장을 넣어 조리듯 볶아주세요.

오이무침

(화)(수)(목)
-

20분

주재료
오이 1개

부재료
양파 1/2개
대파 1/2대
청양고추 1개
굵은 소금 1/2큰술

고춧가루 1큰술
멸치액젓 1/2큰술
설탕 1/2큰술
다진마늘 1/2큰술

1. 오이는 0.5cm 두께로 반달썰기, 양파는 0.3cm 굵기로 채 썰고, 대파와 청양고추는 송송 썰어주세요.
2. 오이에 굵은 소금 1/2큰술을 넣어 10분 정도 절인 후 물기를 짜주세요.
3. 오이에 고춧가루 1큰술, 멸치액젓 1/2큰술, 설탕 1/2큰술, 다진마늘 1/2큰술, 양파, 대파, 청양고추를 넣어 무쳐주세요.

월
요
일

고슬고슬하고 고소한 게살볶음밥에 매콤한 도토리묵무침 올려 먹어요. 도토리묵은 일렬로 가지런히 담으면 보기에도 예쁘고 먹기에도 좋아요!

게살볶음밥

10분

주재료
크래미 3개
달걀 1개

부재료
밥 1공기
대파 1/4대
다진마늘 1/2큰술
소금 1/2작은술

1 대파는 0.2cm 두께로 송송 썰고, 크래미는 손으로 찢어서 준비해 주세요.

2 프라이팬에 식용유를 두르고 다진마늘 1/2큰술과 대파를 넣어 볶아주세요.

3 다진마늘과 대파를 한쪽으로 밀고 달걀을 풀어 넣고 휘저어가며 익혀 스크램블드에그를 만들어 주세요.

4 밥 1공기를 넣어 다진마늘, 대파, 달걀이 모두 섞이도록 볶아주세요.

5 크래미를 넣고 소금 1/2작은술 넣어 한 번 더 볶아주세요.

도토리묵무침

15분

주재료
도토리묵 1/2모(150g)
상추 4장

부재료
당근 조금
양파 1/4개
청양고추 1개
참기름 1큰술
고춧가루 1큰술
진간장 1큰술
매실청 1큰술
설탕 약간
깨 약간

1 상추는 2cm 너비로 썰고, 당근은 반달썰기, 양파는 0.3cm 두께로 채 썰고, 청양고추는 0.2cm 두께로 송송 썰어주세요.

2 도토리묵은 1cm 두께로 썰고 끓는 물에 넣어 3분 정도 데친 후 건져내 물기를 빼주세요.

3 볼에 도토리묵을 넣고 참기름 1큰술을 넣어 가볍게 무치고 상추, 당근, 양파, 청양고추를 넣어주세요.

4 고춧가루 1큰술, 진간장 1큰술, 매실청 1큰술, 설탕 약간 넣어 살살 무친 후 깨를 뿌려 마무리합니다.

화
요
일

집에서 만들어 먹는 돈가스가 얼마나 맛있는
데요! 밀(가루), 계(달걀), 빵(가루) 이 세 가지
만 기억하세요!

돈가스

20분

주재료
돈가스용 돼지 등심 2장
달걀 1개

부재료
밀가루 1/2컵
빵가루 1/2컵
소금 적당량
후추 적당량

1 칼집이 나있는 돈가스용 돼지 등심에 소금, 후추를 적당량 뿌려 밑간해 주세요.
2 밑간한 돼지 등심에 밀가루, 달걀물, 빵가루를 순서대로 골고루 묻혀주세요.
3 예열한 기름에 돼지 등심을 넣어 튀겨주세요.

수
요
일

오늘은 중식 특집으로 탕수육을 직접 만들어 봤어요. 돼지등심만 있으면 간단히 만들 수 있답니다!

탕수육

주재료
돼지 등심 약 250g

부재료
오이 조금
당근 조금
양파 조금
소금 1/2작은술
후추 약간
다진마늘 1/2큰술
전분가루 1/2컵
물 1/2컵(100ml)+물 200ml
설탕 2.5큰술
식초 2큰술
진간장 1큰술
전분물 2큰술

1 돼지 등심을 2cm 굵기로 썰고 소금 1/2작은술, 후추 약간, 다진마늘 1/2큰술을 넣어 10분 정도 밑간해 주세요.
2 전분가루와 물을 1:1 비율로 1/2컵씩 넣고 10분 후 윗물을 따라 버려주세요.
3 남은 전분가루에 돼지 등심을 넣어 섞어줍니다.
4 예열한 기름에 돼지 등심을 하나씩 넣어가며 튀겨주세요.
5 튀긴 돼지 등심을 건져내 기름기를 빼낸 후 한 번 더 튀겨주세요.
6 건져내 기름기를 빼낼 동안 소스를 만들어 줍니다.
7 양파는 깍둑썰기, 당근과 오이는 반달썰기 해주세요.
8 냄비에 물 200ml, 설탕 2.5큰술, 식초 2큰술, 진간장 1큰술을 넣고 끓여주세요.
9 소스가 끓으면 양파, 당근, 오이를 넣고 더 끓이다가 전분물 2큰술을 넣어 저으면서 농도를 맞춰주세요.

오늘은 일식 특집으로 짭조름한 가츠동과 달달
한 달걀말이를 준비했어요. 단짠단짠 조합 최
고! 노오란 달걀말이는 빵처럼 부드러워요.

가츠동

15분

주재료
돈가스 1장
달걀 1개

부재료
양파 1/4개
물 5큰술
진간장 2큰술
설탕 1큰술
맛술 1큰술

1   양파는 0.2cm 두께로 채 썰어 준비해 주세요.
2   프라이팬에 식용유를 두르고 양파를 넣고 볶다가, 물 5큰술,
    진간장 2큰술, 설탕 1큰술, 맛술 1큰술을 넣고 2분 정도 끓여
    주세요.
3   미리 튀긴 돈가스를 2cm 두께로 썰어 프라이팬에 올리고 달
    걀물을 둘러가며 부어주세요.
4   달걀물이 50% 정도 익으면 불을 끄고 밥 위에 올려주세요.

    * 돈가스 레시피는 p.83 참고하세요.

일본식 달걀말이

15분

주재료
달걀 4개

부재료
맛술 1큰술
설탕 1/2큰술
소금 1/2작은술
다시마 우린 물 100ml

1   달걀 4개를 풀고 체에 한 번 걸러주세요.
2   달걀물에 맛술 1큰술, 설탕 1/2큰술, 소금 1/2작은술, 다시마
    우린 물 100ml을 넣고 섞어주세요.
3   프라이팬에 식용유를 두르고 약불에서 달걀물을 조금씩 부어
    가며 말아주세요.
4   달걀물을 조금씩 부어가며 마는 과정을 반복하면서 모양을 잡
    아주세요.

금
요
일

더운 날씨에 아삭한 크래미오이롤과 시원한 묵
사발 어때요? 더위도 식히고 한 끼도 든든하
게 해결해요!

크래미 오이롤

15분

주재료
오이 1개
크래미 5개

부재료
밥 1공기
마요네즈 2큰술
설탕 1큰술

소금 1꼬집+1/2작은술
식초 1큰술

1 오이는 감자칼로 얇고 길게 썰어주세요.
2 크래미는 손으로 찢고, 마요네즈 2큰술, 설탕 1/2큰술, 소금 1 꼬집을 넣어 섞어주세요.
3 밥 1공기에 식초 1큰술, 설탕 1/2큰술, 소금 1/2작은술을 넣어 섞어주세요.
4 오이 1장 위에 밥을 한입 크기로 동그랗게 올리고 돌돌 말아주세요.
5 밥 위에 크래미를 적당량 올려주세요.

묵사발

15분

주재료
도토리묵 1/2모(150g)
오이 1/3개
상추 3장

부재료
김치 1/2컵
조미김 1봉
멸치 다시마 육수 200ml
국간장 1/2큰술

식초 1큰술
매실청 1큰술
맛술 1/2큰술
깨 약간

1 물 200ml에 멸치와 다시마를 넣고 우려 육수를 만들고 국간장 1/2큰술, 식초 1큰술, 매실청 1큰술, 맛술 1/2큰술을 넣어 끓여주세요.
2 육수는 냉동실에 넣어 살얼음이 낄 정도로 차갑게 만들어 주세요.
3 도토리묵을 1cm 굵기로 길게 썰고 끓는 물에 넣어 데쳐주세요.
4 오이는 돌려깎기 한 후 0.2cm 굵기로 채 썰고, 상추와 김치는 잘게 썰고, 김은 부숴서 준비합니다.
5 도토리묵에 차가운 육수를 붓고 오이, 상추, 김치, 김, 깨를 올려 마무리합니다.

　　* 육수는 시판용 냉면 육수를 사용하면 더 편리해요.

밑반찬

오이탕탕이
표고버섯볶음
닭가슴살냉채
매운콩나물무침
콘샐러드

**요일별
도시락 구성**

(밑반찬 5가지 중
2~3가지를 그날의
메인 반찬과
구성해보세요.)

㉪ 달걀롤밥
해파리냉채
매운콩나물무침
표고버섯볶음
콘샐러드

㉬ 표고버섯덮밥
청포묵전
오이탕탕이
닭가슴살냉채
양념장

㉮ 초계탕
매운콩나물무침
표고버섯볶음
김치

(목) 콩나물밥

탕평채

닭가슴살냉채

콘샐러드

양념장

(금) 치킨마요볶음밥

콘샐러드

오이탕탕이

표고버섯볶음

장보기 목록

해파리 100g	2,385원
파프리카 1개	2,580원
표고버섯 200g	3,200원
청포묵 300g	1,980원
콩나물 300g	1,950원
닭가슴살 400g	6,420원
캔옥수수 1개	1,690원
오이 2개	2,000원

합계	22,205원

매운콩나물무침

15분

(월)(수)
-
주재료
콩나물 200g

부재료
대파 1/4대
고춧가루 1큰술
설탕 1/2큰술
참치액 1/2큰술
다진마늘 1/2큰술
소금 1꼬집
참기름 1큰술
깨 약간

1 대파는 반 가르고 0.2cm 두께로 송송 썰어주세요.
2 냄비에 콩나물을 넣고 가운데 물 조금 넣어 뚜껑 닫고 3분 정도 쪄 주세요.
3 콩나물의 물기를 빼고 볼에 넣어주세요.
4 대파, 고춧가루 1큰술, 설탕 1/2큰술, 참치액 1/2큰술, 다진마늘 1/2 큰술, 소금 1꼬집, 참기름 1큰술을 넣어 무쳐주세요.
5 깨를 넣어 마무리합니다.

오이탕탕이

15분

(화)(금)
-
주재료
오이 1개

부재료
식초 1큰술
설탕 1/2큰술
다진마늘 1/2큰술
소금 1꼬집
깨 약간

1 오이는 굵은 소금으로 문질러 깨끗하게 씻은 후 오이 양쪽 끝부분 과 돌기를 칼로 제거해 주세요.
2 오이를 비닐봉지에 넣어 방망이나 칼 뒷부분으로 두드려으깨고 먹기 좋은 크기로 썰어주세요.
3 오이에 식초 1큰술, 설탕 1/2큰술, 다진마늘 1/2큰술, 소금 1꼬집, 깨를 넣어 버무려 줍니다.

표고버섯볶음

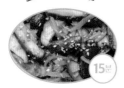

 ⊛ ⊛

-

주재료
표고버섯 6개

부재료
양파 1/4개	맛술 1큰술
당근 조금	굴소스 1/2큰술
다진마늘 1큰술	올리고당 1/2큰술
진간장 1큰술	

1 표고버섯은 0.2cm 두께로 썰고, 양파와 당근은 0.2cm 두께로 채 썰어주세요.
2 프라이팬에 식용유를 두르고 다진마늘 1큰술을 넣어 볶다가 양파와 당근, 표고버섯을 넣어주세요.
3 진간장 1큰술, 맛술 1큰술, 굴소스 1/2큰술, 올리고당 1/2큰술을 넣어 볶아주세요.

닭가슴살냉채

 ⊛ ⊛

-

주재료
닭가슴살 1덩이
오이 1/4개

부재료
당근 조금	진간장 1/2큰술
연겨자 1큰술	다진마늘 1/2큰술
설탕 1큰술	
식초 2큰술	

1 닭가슴살을 끓는 물에 넣어 삶은 후 손으로 잘게 찢어주세요.
2 오이는 돌려깎기 해서 0.2cm 두께로 채 썰고, 당근도 0.2cm 두께로 채 썰어주세요.
3 볼에 닭가슴살, 오이, 당근을 담고 연겨자 1큰술, 설탕 1큰술, 식초 2큰술, 진간장 1/2큰술, 다진마늘 1/2큰술을 넣어 무쳐줍니다.

콘샐러드

 ⊛ ⊛

-

주재료
캔옥수수 1개
파프리카 1/2개

부재료
양파 1/4개	소금 1/3작은술
마요네즈 4큰술	후추 약간
식초 1큰술	
설탕 1큰술	

1 양파와 파프리카를 잘게 다져서 준비해 주세요.
2 마요네즈 4큰술, 식초 1큰술, 설탕 1큰술, 소금 1/3작은술, 후추 약간을 섞어주세요.
3 캔옥수수의 국물은 따라 버리고 옥수수, 양파, 파프리카를 모두 2의 소스에 넣어 섞어주세요.

월
요
일

알록달록 무지개 같은 색감이 돋보이는 도시락을 준비했어요. 해파리냉채의 채소들을 가지런히 담으면 참 예뻐요.

달걀롤밥

15분

주재료
달걀 2개

부재료
밥 1공기
김밥김 1/2장
소금 1/2작은술
참기름 1/2큰술

1 달걀은 노른자와 흰자를 분리해서 풀어주세요.
2 프라이팬에 식용유를 두르고 노른자만 얇게 부쳐 지단을 만들어 주세요.
3 노른자 지단은 약 5cm, 8cm 크기의 직사각형으로 잘라 4장을 만들어 주세요.
4 밥 1공기에 소금 1/2작은술, 참기름 1/2큰술을 넣어 섞고 밥을 뭉쳐 긴 주먹밥 모양으로 만들어 주세요.
5 김밥김은 1cm 두께로 길게 잘라서 준비해 주세요.
6 밥에 노른자 지단을 감싸고 가운데를 김으로 한 번 더 감싸주세요.

해파리냉채

20분 (+1시간 소금기 빼기)

주재료
해파리 100g
크래미 2개
달걀 1개
파프리카 1/4개
오이 1/3개

부재료
당근 조금
연겨자 1큰술
식초 2큰술
설탕 1큰술
다진마늘 1/2큰술

1 염장 해파리는 흐르는 물에 소금기를 씻어내고 물에 1시간 정도 담가 소금기를 빼주세요.
2 파프리카, 당근, 오이는 5cm 길이, 0.2cm 굵기로 채 썰고, 크래미는 손으로 찢어 준비해 주세요.
3 달걀은 노른자와 흰자를 분리해서 지단을 만들고 5cm 길이, 0.2cm 두께로 채 썰어주세요.
4 연겨자 1큰술, 식초 2큰술, 설탕 1큰술, 다진마늘 1/2큰술 섞어 냉채 소스를 만들어 주세요.
5 끓는 물에 해파리를 넣고 10초 정도 데친 후 건져내 찬물에 헹궈주세요.
6 해파리에 냉채 소스를 넣고 버무려 주세요.
7 손질한 채소들은 가지런히 담고 가운데 해파리, 냉채 소스 한 숟가락을 올려줍니다.

표고버섯덮밥과 담백하고 고소한 청포묵전
이에요. 청포묵은 칼로리도 낮고 건강에도 좋
은 식재료랍니다!

표고버섯덮밥

15분

주재료	부재료	
표고버섯 2개	양파 1/4개	맛술 1큰술
	청양고추 1개	굴소스 1/2큰술
	대파 1/4대	올리고당 1/2큰술
	다진마늘 1/2큰술	물 200ml
	진간장 1큰술	전분물 적당량

1 표고버섯은 밑동을 반 제거하고 0.5cm 두께로 썰어주세요.
2 양파는 0.3cm 두께로 채 썰고, 청양고추와 대파는 0.2cm 두께로 송송 썰어주세요.
3 프라이팬에 식용유를 두르고 다진마늘 1/2큰술, 대파를 넣어 볶다가 양파, 표고버섯, 청양고추를 넣어주세요.
4 진간장 1큰술, 맛술 1큰술, 굴소스 1/2큰술, 올리고당 1/2큰술을 넣어 볶아주세요.
5 물 200ml를 넣고 살짝 끓어오르면 전분물을 넣어 농도를 맞춰주세요.
6 완성된 표고버섯볶음을 밥 위에 올려주세요.

청포묵전

15분

주재료	부재료	
청포묵 1/2모	홍고추 1개	청양고추 1/2개
달걀 1개	부침가루 1/2컵	진간장 1큰술
	소금 약간	식초 1/2큰술
		깨 1큰술

1 청포묵 1/2모를 1cm 두께로 썰고, 홍고추 1/2개는 0.2cm 두께로 송송 썰어 준비해 주세요.
2 청포묵 앞뒤로 소금을 뿌려 밑간하고, 겉을 부침가루, 달걀물 순으로 골고루 입혀주세요.
3 프라이팬에 식용유를 두르고 청포묵을 올린 후 홍고추를 하나씩 올려 앞뒤로 부쳐주세요.
4 청양고추와 홍고추는 잘게 썰고, 진간장 1큰술, 식초 1/2큰술, 깨 1큰술 넣어 양념장을 만들어 주세요.

여름엔 몸보신도 해야죠? 알록달록한 고명
이 눈길을 사로잡는 시원한 여름 보양식, 초계
탕이에요!

초계탕

30분

주재료
닭가슴살 1덩이
달걀 1개
파프리카 1/4개
오이 1/3개

부재료
양파 1/2개
대파 1/2대
마늘 5개
물 300ml
식초 4큰술
설탕 2큰술
소금 3꼬집
연겨자 1큰술
진간장 1큰술

1 파프리카, 오이는 5cm 길이, 0.2cm 굵기로 채 썰어주세요.
2 달걀은 노른자와 흰자를 분리해서 지단을 만들고 5cm 길이,
   0.2cm 굵기로 채 썰어주세요.
3 물 300ml에 닭가슴살, 양파, 대파, 마늘을 넣어 삶아주세요.
4 양파, 대파, 마늘, 닭가슴살이 익으면 건져내고 닭가슴살은 식
   힌 후 손으로 잘게 찢어주세요.
5 닭 육수에 식초 2큰술, 설탕 1큰술, 소금 3꼬집을 넣고 냉동실
   에 넣어 차갑게 식혀주세요.
6 볼에 닭가슴살을 넣고 연겨자 1큰술, 설탕 1큰술, 진간장 1큰술,
   식초 2큰술을 넣어 버무려 줍니다.
7 파프리카, 오이, 달걀지단, 닭가슴살을 담고 차가운 닭 육수를
   부어주세요. 닭 육수는 따로 담아 가져가서 먹기 전에 부어줍
   니다.

고급 요리인 탕평채를 도시락 메뉴로 준비했
어요. 콩나물밥과 함께 건강한 반찬으로 제격
이죠?

콩나물밥

30분 (+30분 쌀 불리기)

주재료
콩나물 100g

부재료
쌀 1컵
물 1컵
홍고추 1/2개
청양고추 1/2개
대파 조금
진간장 2큰술

식초 1큰술
맛술 1큰술
설탕 1/2큰술
고춧가루 1/2큰술
다진마늘 1/2큰술
깨 적당량

1 쌀을 30분 정도 불려주세요.
2 전기 밥솥에 쌀과 물을 1컵씩 1:1 비율로 넣어주세요.
3 밥 위에 콩나물을 가득 올려준 후 밥을 지어주세요.
4 홍고추, 청양고추, 대파는 0.2cm 두께로 송송 썰어주세요.
5 진간장 2큰술, 식초 1큰술, 맛술 1큰술, 설탕 1/2큰술, 고춧가루 1/2큰술, 다진마늘 1/2큰술, 홍고추, 청양고추, 대파, 깨를 넣어 양념장을 만들어 주세요.

탕평채

20분

주재료
청포묵 1/2모(150g)
표고버섯 2개
오이 1/3개
달걀 1개

부재료
당근 1/4개
홍고추 1개
소금 1꼬집
진간장 1/2큰술

식초 1/2큰술
설탕 1작은술
참기름 1/2큰술
깨 약간

1 오이, 당근, 홍고추는 4cm 길이, 0.2cm 굵기로 채 썰어주세요.
2 달걀은 노른자와 흰자를 분리해서 지단을 만들고 4cm 길이, 0.2cm 두께로 채 썰어주세요.
3 표고버섯은 밑동을 제거하고 0.3cm 두께로 썰어주세요.
4 프라이팬에 식용유를 두르고 표고버섯, 소금 1꼬집 넣어 볶아서 준비해주세요.
5 청포묵을 1cm 두께로 길게 썰고 끓는 물에 넣어 투명해질 때까지 데친 후 건져내 찬물에 헹궈주세요.
6 볼에 청포묵, 오이, 당근, 표고버섯, 홍고추, 달걀지단을 넣어주세요.
7 진간장 1/2큰술, 식초 1/2큰술, 설탕 1작은술, 참기름 1/2큰술을 넣어 살살 무친 후 깨를 뿌려주세요.

금
요
일

신나는 금요일엔 치킨이죠! 닭 튀기고 마요네
즈와 간장 소스 뿌리면 치킨마요 뚝딱!

치킨마요 볶음밥

30분

주재료
닭가슴살 1덩이
달걀 1개

부재료
밥 1공기
양파 1/4개
다진마늘 1큰술
맛술 1큰술
소금 적당량
후추 적당량
튀김가루 1컵
물 1컵
진간장 1큰술
올리고당 1큰술
맛술 1큰술
마요네즈 적당량
김가루 적당량

1. 양파는 0.3cm 두께로 채 썰고, 닭가슴살은 한입 크기로 숭덩숭덩 썰어주세요.
2. 닭가슴살에 다진마늘 1큰술, 맛술 1큰술, 소금, 후추 적당량 넣어 밑간해 주세요.
3. 튀김가루 1컵, 물 1컵 섞어 튀김 반죽 만들고 닭가슴살 넣어 버무려 튀김 반죽을 입혀주세요.
4. 예열된 기름에 닭가슴살이 들러붙지 않도록 1개씩 넣어 튀겨주세요.
5. 튀긴 닭가슴살을 건져내 기름기를 뺀 후 한 번 더 튀겨줍니다.
6. 달걀을 풀어 약불에서 천천히 휘저으며 익혀 스크램블드에그를 만들어 주세요.
7. 진간장 1큰술, 올리고당 1큰술, 맛술 1큰술 섞어 소스를 만들어 주세요.
8. 프라이팬에 식용유를 두르고 양파를 넣어 볶다가 투명해지면 튀긴 닭가슴살을 잘게 잘라 넣고 밥 1공기를 넣어주세요.
9. 밥 위에 간장 소스를 뿌려 볶아주세요.
10. 볶음밥을 담고 그 위에 스크램블드에그, 튀긴 닭가슴살을 올리고 마요네즈와 김가루를 뿌려주세요.

밑반찬

케일무침
단호박샐러드
가지볶음
깻순볶음
열무김치

**요일별
도시락 구성**

(밑반찬 5가지 중
2~3가지를 그날의
메인 반찬과
구성해보세요.)

(월) 케일쌈밥
강된장
깻순볶음
가지볶음
열무김치

(화) 깻잎쌈밥
가지탕수
케일무침
단호박샐러드
김치

(수) 애호박전
가지전
깻순볶음
단호박샐러드
양념장

(목) 열무비빔밥
　　　케일달걀말이
　　　가지볶음
　　　단호박샐러드
　　　김치

(금) 가지솥밥
　　　두부김치
　　　케일무침
　　　깻순볶음
　　　열무김치

장보기 목록

애호박 1개	1,580원
케일 300g	3,900원
두부 1모	1,300원
가지 4개	3,000원
열무 700g	3,000원
깻순 200g	2,980원
미니 단호박 1개	2,380원
합계	18,140원

가지볶음

(15분)

(월)(목)
-

주재료
가지 1개

부재료
양파 1/2개	굴소스 1/2큰술
대파 1/4대	올리고당 1/2큰술
청양고추 1개	다진마늘 1/2큰술
진간장 1큰술	

1 가지는 꼭지를 제거하고 세로로 반을 자른 후 1cm 굵기로 썰어주 세요.
2 대파와 청양고추는 0.2cm 두께로 송송 썰고, 양파는 0.3cm 두께 로 채 썰어주세요.
3 진간장 1큰술, 굴소스 1/2큰술, 올리고당 1/2큰술, 다진마늘 1/2큰 술, 청양고추 섞어 양념을 만들어 주세요.
4 프라이팬에 식용유를 두르고 대파를 먼저 볶다가 양파, 가지를 넣 어 볶아주세요.
5 가지의 숨이 살짝 죽으면 양념을 넣어 볶아주세요.

열무김치

(30분)

(+1시간 절이기)

(월)(금)
-

주재료
열무 1/2단(700g)

부재료
물 1L	고춧가루 2큰술
천일염 100g	멸치액젓 1큰술
양파 1/2개	매실청 1큰술
홍고추 2개	다진마늘 1/2큰술
찬밥(또는 찹쌀가루)1큰술	다진생강 1/4큰술
물 100ml	

1 열무는 뿌리의 흙을 칼로 긁어내고 4등분으로 자른 후 깨끗하게 씻어주세요.
2 물 1L에 천일염 100g을 녹인 소금물을 열무에 부어 1시간 동안 절 여주세요. 절이는 동안 중간에 한 번 뒤집어 주세요.
3 양파는 0.2cm 두께로 채 썰고 홍고추는 송송 썰어주세요.
4 찬밥 1큰술을 믹서기에 갈아 물 100ml에 넣고 고춧가루 2큰술, 멸 치액젓 1큰술, 매실청 1큰술, 다진마늘 1/2큰술, 다진생강 1/4큰술 을 넣어 양념장을 만들어 주세요.
5 볼에 절인 열무, 양파, 홍고추, 양념장을 넣어 골고루 버무려 주세요.
6 실온에서 하루 정도 숙성한 후 냉장고에 보관해 주세요.

단호박샐러드

 화 수 목
-
주재료
미니 단호박 1개

부재료
마요네즈 1큰술
올리고당 1/2큰술
소금 1꼬집

20분

1 미니 단호박은 베이킹소다로 문질러 세척하고 식촛물에 넣어 한 번 더 씻어주세요.
2 단호박을 4등분한 후 숟가락으로 씨를 제거하고 찜기에 넣어 10분 정도 쪄주세요.
3 볼에 미니단호박을 담고 뜨거울 때 으깨주세요.
4 마요네즈 1큰술, 올리고당 1/2큰술, 소금 1꼬집 넣어 섞어주세요.

깻순볶음

월 수 금
-
주재료
깻순 200g

부재료
청양고추 1개
소금 1큰술
국간장 1큰술
다진마늘 1큰술
참기름 2큰술
깨 약간

10분

1 깻순은 깨끗하게 씻어 긴 꼭지는 썰어서 제거하고, 청양고추는 송송 썰어 준비해 주세요.
2 끓는 물에 소금 1큰술을 넣어 깻순을 3분 정도 삶아주세요.
3 깻순을 건져내 물기를 짜주세요.
4 볼에 깻순, 국간장 1큰술, 다진마늘 1큰술, 참기름 1큰술 넣어 무쳐주세요.
5 프라이팬에 참기름 1큰술을 두르고 깻순과 청양고추를 넣어 볶은 후 깨를 뿌려 마무리합니다.

케일무침

 화 금
-
주재료
케일 약 20장

부재료
소금 1/2큰술
국간장 1큰술
다진마늘 1큰술
들기름 1큰술
깨 약간
식초 1큰술(세척용)

10분

1 케일은 식초 1큰술을 넣은 물에 10분 정도 담근 후 흐르는 물에 깨끗하게 씻어주세요.
2 끓는 물에 소금 1/2큰술을 넣어 케일을 10초 정도 데쳐주세요.
3 데친 케일을 건져내 찬물에 헹구고 손으로 지그시 눌러 물기를 짜고 2cm 정도의 먹기 좋은 크기로 썰어주세요.
4 볼에 케일, 국간장 1큰술, 다진마늘 1큰술, 들기름 1큰술과 깨를 넣어 무쳐주세요.

월
요
일

여름 별미인 케일쌈밥과 강된장 세트 메뉴입니다! 건강하고 든든한 한 끼로 제격이에요.

케일쌈밥

10^분

주재료
케일 8장

부재료
밥 1공기

1 케일을 끓는 물에 넣어 10초 정도 데쳐주세요.
2 밥을 한입 크기로 동그랗게 만들어 주세요.
3 케일을 1장씩 펼치고 그 위에 주먹밥을 올려주세요.
4 케일을 동그랗게 말아주세요.

강된장

20^분

주재료
두부 1/2모
애호박 1/4개

부재료
양파 1/4개
대파 1/4대
청양고추 1개
물 300ml
멸치 한 줌
된장 2큰술
고추장 1/3큰술
고춧가루 1/2큰술
올리고당 1/2큰술
다진마늘 1/2큰술

1 애호박과 양파는 1cm 크기로 깍둑썰기 하고 대파와 청양고추
  는 0.2cm 두께로 송송 썰어주세요.
2 물 300ml에 멸치 넣어 끓인 후 멸치는 건져내 주세요.
3 멸치 육수에 된장 2큰술, 고추장 1/3큰술, 고춧가루 1/2큰술,
  올리고당 1/2큰술, 다진마늘 1/2큰술 넣어 끓여주세요.
4 된장이 끓으면 애호박, 양파, 청양고추, 대파, 두부 1/2모를 으
  깨어 넣고 중약불에서 푹 끓여 졸여주세요.

화
요
일

호불호가 명확하게 갈리는 가지를 싫어하는 사람도 맛있게 먹을 수 있는 가지탕수를 준비했어요. 갓 튀긴 가지, 꼭 한번 먹어보세요!

깻잎쌈밥

10분

주재료
깻잎 8장

부재료
밥 1공기
쌈장 1큰술

1 깻잎을 끓는 물에 넣어 10초 정도 데쳐주세요.
2 밥을 한입 크기로 동그랗게 만들어 주세요.
3 깻잎을 1장씩 펼치고 그 위에 주먹밥을 올린 후 쌈장을 조금 올려주세요.
4 깻잎을 동그랗게 말아주세요.

가지탕수

30분

주재료
가지 1개

부재료
양파 1/4개
당근 조금
파프리카 조금(선택)
전분가루 2큰술
물 200ml
설탕 2.5큰술
식초 2큰술
진간장 1큰술
전분물 2큰술

1 가지는 꼭지를 제거해 세로로 길게 썬 다음 2cm 굵기로 숭덩 숭덩 썰어주세요.
2 양파, 파프리카는 2cm 크기로 깍둑썰기 하고 당근은 0.2cm 두께로 반달썰기 해주세요.
3 가지에 전분가루 2큰술을 섞어 골고루 입혀주세요.
4 예열된 기름에 가지를 넣어 튀긴 후 건져내 기름기를 빼주세요.
5 냄비에 물 200ml, 설탕 2.5큰술, 식초 2큰술, 진간장 1큰술을 넣고 끓어오르면 양파, 파프리카, 당근을 넣어 끓여주세요.
6 전분물 2큰술을 넣어 걸쭉한 탕수 소스를 완성합니다.

모둠전처럼 애호박과 가지를 함께 부쳐봤어
요. 홍고추를 고명으로 올리면 더 예뻐 보인답
니다!

애호박전
&
가지전

20분

주재료
애호박 1/2개
가지 1/2개
달걀 1개

부재료
소금 약간
부침가루 1컵
청양고추 1/2개
홍고추 1/2개
진간장 1큰술
식초 1/2큰술
깨 1큰술

1 애호박과 가지는 0.8cm 두께로 썰어주세요.
2 애호박과 가지에 소금을 뿌려 밑간하고 부침가루를 앞뒤로 골고루 묻혀주세요.
3 달걀을 푼 달걀물에 애호박과 가지를 넣어 골고루 입혀주세요.
4 프라이팬에 식용유를 충분히 두르고 예열한 후 애호박과 가지를 올려 노릇하게 부쳐주세요.
5 청양고추와 홍고추는 잘게 썰고, 진간장 1큰술, 식초 1/2큰술, 깨 1큰술 넣어 양념장을 만들어 주세요.

목
요
일

여름에 뚝 떨어진 입맛 돋우는 열무! 아삭한 열무 가득 넣어 비벼 먹으면 순식간에 영양만점 한 그릇 뚝딱입니다!

열무비빔밥

10분

주재료
열무김치 1컵
달걀 1개

부재료
밥 1공기
고추장 1큰술(취향껏 조절)
참기름 1큰술

1 밥 위에 고추장 1큰술, 참기름 1큰술, 열무김치를 가득 올려주세요.
2 달걀프라이를 올려주세요.

    ＊ 열무김치 레시피는 p.106 참고하세요.

케일달걀말이

15분

주재료
케일 2~3장
달걀 4개

부재료
소금 1/2작은술

1 케일은 믹서기에 갈아서 준비해 주세요.
2 달걀 4개를 흰자와 노른자를 분리해서 풀어주세요.
3 달걀 흰자에 케일과 소금 1/2작은술을 넣고 섞어주세요.
4 프라이팬에 식용유를 두르고 약불에서 달걀 흰자를 조금씩 부어가며 말아주세요.
5 달걀물을 조금씩 부어가며 말아주는 과정을 반복하면서 모양을 잡아주세요.
6 달걀말이 흰자 부분이 완성되면 이어서 노른자를 붓고 천천히 말아주세요.

금
요
일

가지탕수에 이어 새로운 가지 맛에 눈을 뜨게 해준 가지솥밥이에요! 다른 반찬도 필요없이 한그릇 요리로도 훌륭하답니다.

가지솥밥

30분 (+30분 쌀 불리기)

주재료
가지 1개

부재료
쌀 1컵
다시마 우린 물 1컵
쪽파 약 5대
다진마늘 1/2큰술

진간장 1.5큰술
굴소스 1/2큰술
버터 1큰술

1 쌀을 30분 정도 불려주세요.
2 가지는 꼭지를 제거해 세로로 길게 반 잘라 2cm 굵기로 숭덩 숭덩 썰어주고, 쪽파는 잘게 송송 썰어 준비해 주세요.
3 프라이팬에 식용유를 두르고 다진마늘 1/2큰술을 넣어 볶다가 가지를 넣어 볶아주세요.
4 가지의 숨이 살짝 죽으면 진간장 1큰술, 굴소스 1/2큰술을 넣어 볶아주세요.
5 무쇠솥에 불린 쌀과 다시마 우린 물을 1컵씩 1:1 비율로 넣고 진간장 1/2큰술을 넣어주세요.
6 한 번 끓어오르면 저어주고 뚜껑을 덮어 중약불에 10분, 약불에 5분 정도 끓여주세요.
7 밥 위에 쪽파, 가지, 버터 1큰술을 올리고 뚜껑을 덮은 후 10분 정도 뜸 들여주세요.

두부김치

15분

주재료
두부 1/2모
김치 1컵

부재료
대파 1/4대
설탕 1/2큰술
진간장 1/2큰술
고춧가루 1/2큰술

물 50ml
들기름 1큰술
깨 약간

1 김치는 2cm 길이로 썰고 대파는 0.2cm 두께로 송송 썰어 준비해 주세요.
2 프라이팬에 식용유를 두르고 대파를 넣어 볶다가 김치를 넣어 주세요.
3 김치를 볶다가 설탕 1/2큰술을 넣어 볶아주세요.
4 진간장 1/2큰술, 고춧가루 1/2큰술을 넣어 볶다가 물 50ml을 넣어 조리듯 볶아주세요.
5 들기름 1큰술을 넣어 한 번 더 볶아줍니다.
6 끓는 물에 두부를 넣어 1분 정도 데친 후 건져내 물기를 빼주세요.
7 두부는 1cm 두께로 썰어주세요.
8 두부와 김치를 담고 깨를 뿌려 마무리합니다.

밑반찬

참나물무침
단무지무침
꽈리고추찜
다시마무침
미나리장아찌

요일별
도시락 구성

(밑반찬 5가지 중
2~3가지를 그날의
메인 반찬과
구성해보세요.)

㉡ 참나물주먹밥
　　닭다리구이
　　꽈리고추찜
　　다시마무침
　　김치

㉠ 다시마쌈밥
　　오징어초무침
　　참나물무침
　　꽈리고추찜
　　단무지무침

㉢ 닭다리죽
　　미나리장아찌
　　꽈리고추찜
　　김치

㋨ 매운어묵김밥

　다시마무침

　미나리장아찌

　참나물무침

㋝ 충무김밥

　오징어볶음

　다시마무침

　단무지무침

　미나리장아찌

장보기 목록

오징어 2마리	6,160원
닭다리 400g	5,470원
미나리 200g	2,380원
다시마 250g	1,980원
김밥김 10장	1,980원
꽈리고추 150g	2,580원
어묵 150g	1,480원
단무지 370g	2,380원
참나물 200g	4,380원
합계	28,790원

미나리장아찌

(수)(목)(금)
-
주재료
미나리 200g

부재료
청양고추 1개
홍고추 1개
식초 1큰술(세척용)
물 150ml

진간장 100ml
식초 50ml
설탕 5큰술

20분

1. 미나리는 끝부분을 잘라내고 식초 1큰술을 넣은 물에 10분 정도 담근 후 흐르는 물에 깨끗하게 씻어주세요.
2. 미나리의 줄기 부분만 5cm 길이로 썰고 청양고추와 홍고추는 0.2cm 두께로 송송 썰어주세요.
3. 냄비에 물 150ml, 진간장 100ml, 식초 50ml, 설탕 5큰술을 넣어 끓여 차갑게 식혀주세요.
4. 밀폐용기에 미나리를 가지런히 담고 청양고추와 홍고추를 올린 후 간장물을 부어주세요.

   * 미나리 잎 부분은 오징어초무침(p.125) 만들 때 사용해요.

꽈리고추찜

(월)(화)(수)
-
주재료
꽈리고추 150g

부재료
대파 1/4대
밀가루 1큰술
전분가루 1큰술
진간장 2큰술
고춧가루 2큰술

매실청 1큰술
다진마늘 1/2큰술
설탕 1/2작은술
참기름 1큰술

20분

1. 꽈리고추의 꼭지를 떼고 깨끗하게 세척한 후 포크로 한두 번 찍어 구멍을 내주세요.
2. 대파는 잘게 다져주세요.
3. 꽈리고추에 밀가루 1큰술, 전분가루 1큰술을 넣고 겉에 골고루 묻 도록 섞어주세요.
4. 찜기에 올려 뚜껑 덮고 5분간 찐 후 그릇에 넓게 펼쳐 놓아 식혀주 세요.
5. 진간장 2큰술, 고춧가루 2큰술, 매실청 1큰술, 다진마늘 1/2큰술, 설탕 1/2작은술, 참기름 1큰술을 섞어 양념장을 만들어 주세요.
6. 볼에 꽈리고추, 대파, 양념을 넣어 숟가락으로 가볍게 섞어주세요.

다시마무침

15분

(+30분 소금기 빼기)

월 목 금

-

주재료
다시마 200g

부재료

양파 1/4개	다진마늘 1/2큰술
당근 조금	식초 1/2큰술
고춧가루 1큰술	설탕 1/2큰술
참치액젓 1큰술	참기름 1큰술

1. 염장 다시마는 흐르는 물에서 소금기를 씻어내 주고 물에 30분 정도 담가 소금기를 빼주세요.
2. 다시마는 반으로 자르고 넓게 펼쳐 돌돌 말아 0.3cm 두께로 채 썰어주세요.
3. 양파와 당근은 0.3cm 두께로 채 썰어주세요.
4. 볼에 다시마, 양파, 당근을 넣고 고춧가루 1큰술, 참치액젓 1큰술, 다진마늘 1/2큰술, 식초 1/2큰술, 설탕 1/2큰술, 참기름 1큰술을 넣어 무쳐주세요.

참나물무침

15분

화 목

-

주재료
참나물 약 150g

부재료

소금 1큰술	들기름 1큰술
국간장 1큰술	깨 적당량
다진마늘 1큰술	식초 1큰술(세척용)

1. 참나물은 끝부분을 잘라내고 식초 1큰술을 넣은 물에 5분 정도 담근 후 흐르는 물에 깨끗하게 씻어주세요.
2. 참나물의 줄기와 잎 부분을 잘라 따로 준비해 주세요.
3. 끓는 물에 소금 1큰술을 넣어 참나물을 줄기부터 먼저 넣고 10초 후 잎을 넣어 10초 정도 데쳐주세요.
4. 데친 참나물을 건져내 찬물에 헹구어 손으로 지그시 눌러 물기를 짜고 3cm 길이의 먹기 좋은 크기로 썰어주세요.
5. 볼에 참나물, 국간장 1큰술, 다진마늘 1큰술, 들기름 1큰술과 깨를 넣어 무쳐주세요.

단무지무침

10분

화 금

-

주재료
단무지 10줄

부재료

고춧가루 1큰술
매실청 1큰술
다진마늘 1/2큰술
참기름 1/2큰술
깨 약간

1. 단무지는 2cm 두께로 썰어주세요.
2. 볼에 단무지를 넣고 고춧가루 1큰술, 매실청 1큰술, 다진마늘 1/2큰술, 참기름 1/2큰술, 깨 넣어 무쳐주세요.

월
요
일

참나물주먹밥 하나 먹고 닭다리 한 입! 닭다리
에 간장 소스를 살짝 발라 구워서 담백하면서
도 짭조름해서 더 맛있어요.

참나물주먹밥

10분

주재료
참나물 한 줌

부재료
밥 1공기
소금 1/2작은술
참기름 1/2큰술

1 데친 참나물은 3cm 길이로 썰어주세요.
2 밥 1공기에 참나물, 소금 1/2작은술, 참기름 1/2큰술을 넣어 섞어주세요.
3 한입 크기로 동그랗게 만들어 주세요.

닭다리구이

30분

주재료
닭다리 3개

부재료
소금 적당량
후추 적당량
진간장 1큰술
맛술 1큰술
올리고당 1큰술
다진마늘 1/2큰술

1 닭다리에 칼집을 내고 소금과 후추를 뿌려 밑간해 주세요.
2 진간장 1큰술, 맛술 1큰술, 올리고당 1큰술, 다진마늘 1/2큰술 섞어 소스를 만들어 주세요.
3 에어프라이어 180도에서 10분, 뒤집어서 10분, 앞뒤로 소스 발라서 5분 더 익혀주세요.

   * 에어프라이어의 온도와 시간은 기종마다 달라요.

미나리를 넣어 향긋하고 입맛이 확 살아나
는 매콤새콤한 오징어초무침이에요. 다시마와
도 참 잘 어울려요.

다시마쌈밥

10분 (+30분 소금기 빼기)

주재료
쌈다시마 1장(김밥 김 크기)

부재료
밥 1공기
초고추장(선택)

1 염장 다시마는 흐르는 물에서 소금기를 씻어내 주고 물에 30분 정도 담가 소금기를 빼주세요.
2 다시마를 넓게 펼치고 그 위에 밥을 동그랗고 길게 올려주세요.
3 김밥을 말듯이 다시마와 밥을 잡고 돌돌 말아주세요.
4 먹기 좋은 크기로 썰어주세요.

오징어초무침

20분

주재료
오징어 1마리
미나리 1줌

부재료
양파 1/4개
고추장 1큰술
고춧가루 1큰술
진간장 1큰술
식초 3큰술
설탕 1큰술
매실청 1큰술
다진마늘 1큰술
참기름 1큰술
깨 적당량

1 미나리는 5cm 길이로 썰고, 양파는 0.3cm 두께로 채 썰어주세요.
2 오징어에 사선으로 칼집을 내고 끓는 물에 데친 후 반 자르고 2cm 두께로 썰어주세요.
3 고추장 1큰술, 고춧가루 1큰술, 진간장 1큰술, 식초 3큰술, 설탕 1큰술, 매실청 1큰술, 다진마늘 1큰술, 참기름 1큰술, 깨를 섞어 양념장을 만들어 주세요.
4 볼에 오징어, 미나리, 양파, 양념장을 넣어 무쳐주세요.

(수)요일

여름엔 주기적으로 보양식 먹어야죠. 닭 한마리를 손질할 필요 없이 간단하게 닭다리로만 닭죽을 만들었어요. 닭다리 좋아하는 분에게 추천해요!

닭다리죽

1시간 (+1시간 찹쌀 불리기)

주재료
닭다리 2개

부재료
찹쌀 1/2컵   당근 조금
양파 1/2개(닭육수용)   양파 1/4개
대파 1/2대   쪽파 약 5대
마늘 5개

1 찹쌀은 물을 부어 1시간 정도 불려주세요.
2 당근, 양파, 쪽파는 잘게 썰어주세요.
3 냄비에 닭다리, 양파, 대파, 마늘을 넣고 물을 닭이 잠길 정도로 넉넉하게 부어주세요.
4 뚜껑을 덮고 강불에서 40분 정도 끓여주세요.
5 양파, 대파, 마늘은 건져내고 닭 육수에 찹쌀 1/2컵과 당근, 양파, 쪽파를 넣어 눌어붙지 않게 저어가며 끓여주세요.

목 요일

조금 특별한 김밥을 먹고 싶다면 매콤한 어묵김밥 만들어 보세요! 어묵볶음은 밑반찬으로 만드는 김에 김밥에 넣어도 좋아요.

매운어묵김밥

40분

주재료	부재료	
어묵 100g	청양고추 1개	다진마늘 1/2큰술
김밥김 3장	달걀 3개	진간장 1큰술
단무지 3줄	밥 1.5공기	고춧가루 1.5큰술
	소금 2꼬집	설탕 1/2큰술
	참기름 1/2큰술	물 3큰술

1 어묵은 0.5cm, 단무지는 0.3cm 굵기로 채 썰고 청양고추는 잘게 다져주세요.

2 달걀은 풀어 프라이팬에 조금씩 올려 얇게 부쳐 지단을 만들고 돌돌 말아 0.3cm 굵기로 채 썰어주세요.

3 밥 1.5공기에 소금 2꼬집, 참기름 1/2큰술을 넣어 섞은 후 식혀주세요.

4 프라이팬에 식용유를 조금 두르고 다진마늘 1/2큰술을 넣어 볶다가 어묵을 넣어주세요.

5 진간장 1큰술, 고춧가루 1.5큰술, 설탕 1/2큰술, 물 3큰술, 청양고추를 넣어 볶아주세요.

6 김 위에 밥을 올려 얇게 펴고 김 1/2장 올린 후 어묵, 달걀지단, 단무지를 원하는 양만큼 올려 돌돌 말아주세요.

7 김밥 윗면에 참기름을 바르고 적당한 두께로 썰어주세요.

금
요
일

충무김밥의 짝꿍 오징어무침 대신 오징어볶음을 만들어 보았어요. 매콤한 오징어볶음도 김밥과 잘 어울린답니다!

충무김밥

10분

주재료
김밥김 2장

부재료
밥 1공기
소금 2꼬집
참기름 1/2큰술

1 밥 1공기에 소금 2꼬집, 참기름 1/2큰술을 넣어 섞어주세요.
2 김밥김은 4등분을 해서 준비해 주세요.
3 김 위에 밥을 올려 얇게 펴고 돌돌 말아주세요.
4 김밥 윗면에 참기름을 발라주세요.

오징어볶음

20분

주재료
오징어 1마리

부재료
양파 1/4개
대파 1/4대
당근 조금
청양고추 1개
고추장 1큰술
고춧가루 1.5큰술
진간장 2큰술
설탕 1큰술
다진마늘 1큰술
물 3큰술
참기름 1큰술
깨 약간

1 오징어에 사선으로 칼집을 내고 반 잘라 2cm 두께로 썰어주세요.
2 양파와 대파는 0.3cm 굵기로 채 썰고, 당근은 0.2cm 두께로 반달썰기, 청양고추는 0.2cm 두께로 송송 썰어 준비해 주세요.
3 고추장 1큰술, 고춧가루 1.5큰술, 진간장 2큰술, 설탕 1큰술, 다진마늘 1큰술, 물 3큰술을 섞어 양념장을 만들어 주세요.
4 프라이팬에 식용유를 두르고 대파를 넣어 볶다가 양파를 넣어 볶아주세요.
5 오징어와 양념장을 넣어 빠르게 볶아주세요.
6 당근과 청양고추를 넣고 한 번 더 볶은 후 참기름 1큰술, 깨를 뿌려 마무리합니다.

한 달에 10만 원 도시락 만들기

PART

3

가을

가을에는 연근, 무, 단호박, 버섯 등 다양한 재료를 반찬으로 만들어 도시락에 구성했어요. 도시락만 열어도 풍성함을 느낄 수 있도록 말이죠.

가을 도시락 식단표

주	요일	메인 반찬 1	메인 반찬 2
1주차	월	콩나물불고기	
	화	단호박연근전	
	수	만가닥버섯덮밥	순두부달걀찜
	목	아욱쌈밥	돼지불고기
	금	순두부조림	
2주차	월	표고버섯전	
	화	무생채비빔밥	표고버섯탕수
	수	함박스테이크	
	목	소보로덮밥	두부강정
	금	마파두부	
3주차	월	닭갈비	
	화	베이컨양배추덮밥	감자채전
	수	양배추쌈밥	꽁치김치찜
	목	치킨스테이크	
	금	베이컨말이	
4주차	월	고구마밥	홍합찜
	화	새우볼	
	수	파전	
	목	애호박참치덮밥	고구마볼
	금	참치마요주먹밥	고구마맛탕

※ 가을 4주 식단표입니다. 메인 반찬을 제외한 밑반찬 5종, 김치, 양념장 등을 겹치지 않게 3가지씩 도시락에 구성합니다.

밑반찬 1	밑반찬 2	밑반찬 3
연근샐러드	단호박조림	아욱된장무침
콩나물무침	아욱된장무침	만가닥버섯볶음
아욱된장무침	단호박조림	콩나물무침
연근샐러드	단호박조림	김치
연근샐러드	만가닥버섯볶음	김치
쑥갓두부무침	파프리카무침	양념장
청경채볶음	쑥갓두부무침	무나물
무생채	파프리카무침	김치
청경채볶음	무나물	무생채
무나물	쑥갓두부무침	김치
고춧잎나물무침	베이컨숙주볶음	콜슬로
고춧잎나물무침	양배추볶음	김치
고춧잎나물무침	베이컨숙주나물	감자조림
양배추볶음	감자조림	콜슬로
양배추볶음	감자조림	김치
쪽파김무침	매운애호박무침	브로콜리된장무침
홍합조림	브로콜리새우볶음	새우볼 소스
브로콜리된장무침	홍합조림	양념장
쪽파김무침	브로콜리된장무침	김치
매운애호박무침	브로콜리새우볶음	쪽파김무침

밑반찬

아욱된장무침

연근샐러드

단호박조림

콩나물무침

만가닥버섯볶음

**요일별
도시락 구성**

(밑반찬 5가지 중
2~3가지를 그날의
메인 반찬과
구성해보세요.)

(월) 콩나물불고기

　　연근샐러드

　　단호박조림

　　아욱된장무침

(화) 단호박연근전

　　콩나물무침

　　아욱된장무침

　　만가닥버섯볶음

(수) 만가닥버섯덮밥

　　순두부달걀찜

　　아욱된장무침

　　단호박조림

　　콩나물무침

(목) 아욱쌈밥
　　돼지불고기
　　연근샐러드
　　단호박조림
　　김치

(금) 순두부조림
　　연근샐러드
　　만가닥버섯볶음
　　김치

장보기 목록

돼지 앞다리살 400g	5,160원
콩나물 300g	1,950원
순두부 1봉	1,200원
연근 300g	2,970원
아욱 300g	1,950원
단호박 1개	3,980원
달걀 10구	3,320원
만가닥버섯 300g	1,990원
합계	22,520원

콩나물무침

(화) (수)
-
주재료
콩나물 150g

부재료
대파 1/4대
소금 1/2작은술
다진마늘 1/2큰술
참기름 1큰술
깨 1큰술

15분

1 냄비에 콩나물을 넣고 물을 조금만 넣어 약 3분 정도 쪄주세요.
2 콩나물을 체에 받쳐 물기를 빼주고, 볼에 넣어 한 김 식혀주세요.
3 대파를 잘게 다져주세요.
4 볼에 콩나물, 대파, 소금 1/2작은술, 다진마늘 1/2큰술, 참기름 1큰술, 깨 1큰술을 넣고 살살 무쳐주세요.

연근샐러드

(월) (목) (금)
-
주재료
연근 150g

부재료
소금 1/2큰술+소금 1꼬집
식초 2큰술
검은깨 2큰술
마요네즈 3큰술
설탕 1큰술

20분

1 연근을 약 0.3cm 굵기로 썰고, 끓는 물에 소금 1/2큰술, 식초 1큰술 넣어 연근을 약 3분 데쳐주세요.
2 데친 연근은 체에 받쳐 물기를 빼주세요.
3 검은깨 2큰술을 갈아서 준비합니다.
4 볼에 간 검은깨와 마요네즈 3큰술, 설탕 1큰술, 식초 1큰술, 소금 1꼬집을 넣어 섞어주세요.
5 소스에 연근을 넣어 버무려 주세요.

아욱된장무침

(월)(화)(수)
-

주재료
아욱 300g

부재료
소금 1/2큰술
된장 1/2큰술
고추장 조금
다진마늘 1/2큰술

매실청 1큰술
참기름 1큰술
깨 1큰술

15분

1 아욱의 줄기를 꺾어 껍질을 제거하고, 깨끗하게 세척해 주세요.
2 끓는 물에 소금 1/2큰술과 아욱을 넣어 10초간 데쳐주세요.
3 데친 아욱은 꽉 짜서 물기를 제거하고, 먹기 좋은 크기로 썰어주세요.
4 볼에 아욱, 된장 1/2큰술, 고추장 조금, 다진마늘 1/2큰술, 매실청 1큰술을 넣고 무쳐주세요.
5 참기름 1큰술과 깨 1큰술을 넣어 한 번 더 무쳐주세요.

단호박조림

(월)(수)(목)
-

주재료
단호박 1/2개

부재료
물 250ml
진간장 1큰술
올리고당 1.5큰술

맛술 1큰술
깨 또는 견과류

20분

1 단호박은 식촛물에 10분 정도 담갔다가 흐르는 물에 깨끗하게 세척해 주세요.
2 전자레인지에 약 5분 정도 돌려주세요.
3 단호박을 반으로 잘라 씨를 제거하고, 1/2개를 먹기 좋은 크기로 썰어주세요.
4 냄비에 물 250ml, 진간장 1큰술, 올리고당 1큰술, 맛술 1큰술을 넣어주세요.
5 끓어오르면 단호박을 넣고 조려주세요.
6 마지막에 올리고당 1/2큰술을 넣어 윤기를 내고, 깨나 견과류를 뿌려 마무리해 주세요.

만가닥버섯볶음

(화)(금)
-

주재료
만가닥버섯 200g

부재료
양파 1/4개
당근 조금
다진마늘 1/2큰술

소금 1/2작은술
참기름 1큰술
깨 약간

15분

1 만가닥버섯 밑동을 제거해서 준비해 주세요.
2 양파 1/4개와 당근 조금을 채 썰어줍니다.
3 프라이팬에 식용유를 두르고 다진마늘 1/2큰술을 넣어 볶아주세요.
4 양파와 당근을 넣어 볶다가 만가닥버섯을 넣어주세요.
5 버섯이 숨이 죽으면 소금 1/2작은술을 넣고 한 번 더 볶아주세요.
6 참기름 1큰술과 깨를 넣어 마무리합니다.

월
요
일

매콤한 불고기에 콩나물 듬뿍 넣은 콩불이에
요. 다른 반찬 필요없이 흰 쌀밥에 콩불만 있으
면 끝!

콩나물불고기

25분

주재료
돼지 앞다리살 200g
콩나물 100g

부재료
양파 1/4개
청양고추 1개
대파 1/4대
고춧가루 2큰술
고추장 1큰술
진간장 2큰술
맛술 2큰술
설탕 1큰술
다진마늘 1큰술
참기름 1큰술
깨 1큰술

1. 양파, 청양고추, 대파를 0.3cm 두께로 썰어서 준비해주세요.
2. 고춧가루 2큰술, 고추장 1큰술, 진간장 2큰술, 맛술 2큰술, 설탕 1큰술, 다진마늘 1큰술 섞어 양념을 만들어 주세요.
3. 프라이팬에 콩나물, 돼지 앞다리살, 양파, 대파, 청양고추 순으로 올리고 양념을 넣어요.
4. 콩나물에서 수분이 나오도록 약불에서 끓이다가, 수분이 나오면 중약불로 올려 볶아주세요.
5. 참기름 1큰술과 깨 1큰술을 넣어 마무리합니다.

연근만 부쳐먹기엔 심심해서 단호박을 갈아서
함께 부쳤어요. 보기에도 예쁘고, 단호박 덕분
에 달달하면서 고소하답니다!

단호박연근전

20분

주재료
단호박 1/2개
연근 150g

부재료
올리고당 1/2큰술
소금 1꼬집
부침가루 1큰술

1 연근을 약 0.3cm 두께로 썰어주세요.
2 단호박을 찜기에 넣어 쪄주세요.
3 믹서기에 찐 단호박, 올리고당 1/2큰술, 소금 1꼬집을 넣고 갈아주세요.
4 간 단호박에 부침가루 1큰술을 넣어 섞어줍니다.
5 프라이팬에 기름을 두르고 단호박을 한 숟가락씩 동그랗게 올리고 그 위에 연근을 올려주세요.
6 앞뒤로 뒤집으며 골고루 부쳐주세요.

순두부를 넣어서 부드럽고 몽글몽글한 달걀찜을 만들었어요.
매콤한 버섯덮밥과 고소한 달걀찜으로 든든하게 먹고 수요 고
개 잘 넘어봐요!

만가닥버섯덮밥

10분

주재료

만가닥버섯 100g

부재료

양파 1/2개
고추장 1큰술
진간장 1큰술
올리고당 1.5큰술
고춧가루 1큰술
다진마늘 1/2큰술
참기름 1큰술

1. 양파는 0.3cm 두께로 채썰고, 만가닥버섯은 밑동을 잘라 준비해 주세요.
2. 고추장 1큰술, 진간장 1큰술, 올리고당 1.5큰술, 고춧가루 1큰술을 섞어 양념을 만들어 주세요.
3. 프라이팬에 기름을 두르고 다진마늘 1/2큰술 넣어 볶다가 양파를 넣어 볶아주세요.
4. 양파가 살짝 투명해지면 만가닥버섯과 양념을 넣어 볶아주세요.
5. 참기름 1큰술을 넣어 한 번 더 볶은 후 밥 위에 올려주세요.

순두부달걀찜

15분

주재료

달걀 5개
순두부 1/2봉지

부재료

다시마 우린 물 150ml
당근 조금
쪽파 약 3대(또는 대파)
맛술 1큰술
새우젓 1/2큰술

1. 쪽파와 당근을 잘게 썰어주세요.
2. 달걀 5개를 풀고 맛술 1큰술, 새우젓 1/2큰술, 쪽파와 당근을 넣어 섞어주세요.
3. 뚝배기에 다시마 우린 물 150ml, 달걀물을 넣고 순두부 1/2 봉지를 넣어 적당한 크기로 으깨주세요.
4. 중불에서 타지 않도록 잘 저어가며 익히다가 80% 정도 익으면 뚜껑을 닫아 약불로 줄여주세요.
5. 약불에서 5분간 익혀주세요.

목
요
일

한입에 쏙 들어가는 동글동글한 아욱쌈밥과 간 장 양념으로 만든 돼지불고기 조합, 어떤가요?

아욱쌈밥

10분

주재료
아욱 8장

부재료
밥 1공기
쌈장 1큰술

1 아욱을 끓는 물에 넣어 10초 정도 데쳐주세요.
2 밥을 한입 크기로 동그랗게 만들어 주세요.
3 아욱을 1장씩 펼치고 그 위에 주먹밥을 올린 후 쌈장을 조금 올려주세요.
4 아욱을 동그랗게 말아주세요.

돼지불고기

25분 (+30분 재우기)

주재료
돼지 앞다리살 200g

부재료
양파 1/4개
대파 1/3대
설탕 1/2큰술
진간장 1큰술
매실청 1/2큰술
맛술 1큰술
다진마늘 1/2큰술
후추 약간

1 돼지 앞다리살의 핏물을 제거해서 준비해 주세요.
2 대파와 양파를 0.3cm 굵기로 채 썰어 준비해 주세요.
3 돼지 앞다리살 200g에 설탕 1/2큰술을 넣어 먼저 섞어주세요.
4 고기에 양파, 진간장 1큰술, 매실청 1/2큰술, 맛술 1큰술, 다진마늘 1/2큰술, 후추 약간 넣어 버무려 줍니다.
5 랩을 씌워 30분 정도 재워줍니다.
6 프라이팬에 식용유를 두르고 고기를 올려 익혀주세요.
7 대파를 넣어 마무리합니다.

간단하게 만들 수 있는 순두부조림이에요. 매
콤하고 부드러워서 계속 먹고 싶을걸요!

순두부조림

15^분

주재료
순두부 1/2봉

부재료
양파 1/4개
쪽파 약 3대(또는 대파)
고춧가루 1큰술
진간장 1큰술
고추장 1/2큰술
다진마늘 1/2큰술
매실청 1큰술
참기름 1큰술
물 50ml
깨 약간

1 양파는 0.3cm 두께로 채 썰고, 쪽파는 쫑쫑 썰어서 준비해 주세요.
2 순두부는 약 2cm 두께로 썰어주세요.
3 고춧가루 1큰술, 진간장 1큰술, 고추장 1/2큰술, 다진마늘 1/2큰술, 매실청 1큰술, 참기름 1큰술을 섞어 양념장을 만들어 주세요.
4 프라이팬 아래에 양파를 깔고 그 위에 순두부를 펼쳐서 올려주세요.
5 순두부 위에 양념장을 얹고 물 50ml를 부어 조려주세요.
6 쪽파나 깨를 뿌려 마무리합니다.

밑반찬

무생채
무나물
청경채볶음
파프리카무침
쑥갓두부무침

**요일별
도시락 구성**

(밑반찬 5가지 중
2~3가지를 그날의
메인 반찬과
구성해보세요.)

(월) 표고버섯전
　　쑥갓두부무침
　　파프리카무침
　　양념장

(화) 무생채비빔밥
　　표고버섯탕수
　　청경채볶음
　　쑥갓두부무침
　　무나물

(수) 함박스테이크
　　무생채
　　파프리카무침
　　김치

(목) 소보로덮밥
두부강정
청경채볶음
무나물
무생채

(금) 마파두부
무나물
쑥갓두부무침
김치

장보기 목록

표고버섯 300g	4,200원
소고기다짐육 200g	5,960원
돼지고기다짐육 300g	3,270원
두부 2팩	2,600원
파프리카 2개	3,480원
무 1개	1,490원
청경채 300g	2,980원
쑥갓 200g	1,780원
합계	25,760원

파프리카무침

(월)(수)

-

주재료
파프리카 2개

부재료
된장 1큰술
매실청 1큰술
다진마늘 1/2큰술
참기름 1큰술
깨 적당량

10분

1 파프리카를 먹기 좋은 크기로 썰어주세요.
2 볼에 파프리카, 된장 1큰술, 매실청 1큰술, 다진마늘 1/2큰술 넣어 살살 무쳐주세요.
3 마무리로 참기름 1큰술, 깨를 넣어 한 번 더 무쳐주세요.

청경채볶음

(화)(목)

-

주재료
청경채 300g

부재료
홍고추 1개
다진마늘 1큰술
굴소스 1큰술
전분물 3큰술
깨 약간

15분

1 청경채는 깨끗이 씻고, 길게 2등분 혹은 4등분으로 썰어주세요.
2 손질한 청경채를 끓는 물에 넣어 약 30초 데친 후 물기를 짜주세요.
3 홍고추는 0.3cm 두께로 어슷하게 썰어주세요.
4 프라이팬에 식용유를 두르고, 다진마늘 1큰술을 넣어 볶아주세요.
5 청경채와 굴소스 1큰술을 넣고 볶아주세요.
6 수분이 약간 생기면 전분물 3큰술을 넣어 한 번 더 볶아주고, 마지막으로 홍고추와 깨를 넣어 완성합니다.

쑥갓두부무침

(월)(화)(금)
-

주재료
쑥갓 200g
두부 1/2모

부재료
소금 1/2큰술
다진마늘 1/2큰술
국간장 1큰술
참기름 1큰술
깨 1큰술

15분

1 쑥갓은 깨끗이 씻고, 끓는 물에 소금 1/2큰술과 함께 넣어 30초 데쳐주세요.
2 데친 쑥갓을 짜서 물기를 빼고 약 3cm 길이로 잘라주세요.
3 끓는 물에 두부 1/2모를 넣어 30초 데친 후 두부를 꽉 짜서 물기를 빼주세요.
4 볼에 쑥갓, 두부, 다진마늘 1/2큰술, 국간장 1큰술, 참기름 1큰술, 깨 1큰술을 넣어 무쳐줍니다.

무나물

(화)(목)(금)
-

주재료
무 1/4개

부재료
소금 2꼬집
들기름 1큰술(또는 참기름)
깨 1큰술

15분

1 무 1/4개를 결대로 가늘게 채 썰어주세요.
2 냄비에 채 썬 무와 무가 살짝 잠길 정도로 물을 넣어 끓여줍니다.
3 무가 익으면 물을 조금만 남기고 따른 후, 소금 2꼬집, 들기름 1큰술, 깨 1큰술을 넣어 볶아주세요.

무생채

(수)(목)
-

주재료
무 1/3개

부재료
대파 1/2대
설탕 2큰술
소금 1/2큰술
고춧가루 2큰술

식초 2큰술
멸치액젓 2큰술
다진마늘 1큰술
깨 1큰술

20분
(+20분 절이기)

1 무 1/3개를 얇게 썬 뒤, 가늘게 채 썰어주세요.
2 무채에 설탕 1큰술, 소금 1/2큰술을 넣고 20분 정도 절인 다음 꽉 짜서 물기를 빼주세요.
3 대파는 잘게 썰어주세요.
4 볼에 무채, 고춧가루 2큰술, 식초 2큰술, 설탕 1큰술, 멸치액젓 2큰술, 다진마늘 1큰술을 넣고 버무려 주세요.
5 대파와 깨 1큰술을 넣어 완성합니다.

월
요
일

예쁜 꽃으로 변신한 표고버섯이에요. 표고버섯 속에 돼지고기와 두부를 다져 넣어 고소하고 맛있답니다.

표고버섯전

30^분

주재료
표고버섯 5개
돼지고기다짐육 50g
두부 1/4모

부재료
달걀 1개
양파 1/4개
당근 조금
청양고추 1개
다진마늘 1/2큰술
소금 약간
후추 약간
부침가루 1큰술

1 돼지고기다짐육은 키친타월로 닦아 핏물을 제거하고, 두부는 물기를 빼서 으깨주세요.
2 양파, 당근, 청양고추를 잘게 다져서 준비해 주세요.
3 볼에 돼지고기다짐육, 두부, 양파, 당근, 청양고추를 넣고 다진마늘 1/2큰술, 소금, 후추를 넣어 섞어주세요.
4 표고버섯 기둥을 제거하고 고기소를 넣어주세요.
5 표고버섯 아랫부분만 부침가루와 달걀물 순으로 묻히고 기름 두른 팬에 올려 부쳐주세요.

입맛 살리는 데 무생채 가득 넣은 비빔밥만 한 게 있을까요? 표
고버섯을 튀기고 탕수 소스를 곁들어 먹으면 또 다른 맛을 느
낄 수 있어요. 별미 중의 별미랍니다.

무생채비빔밥

10분

주재료
무생채 적당량

부재료
쪽파 3~4대
달걀 1개
고추장 1큰술(취향껏 조절)
참기름 1큰술

1 쪽파를 잘게 썰어 준비해 주세요.
2 달걀프라이를 만들어 준비해 주세요.
3 밥 위에 고추장 1큰술과 참기름을 두르고 무생채, 쪽파, 달걀
   프라이를 올려주세요.

   * 무생채 레시피는 p.151 참고하세요!

표고버섯탕수

30분

주재료
표고버섯 5개

부재료
양파 1/4개
당근 조금
파프리카 조금(선택)
부침가루 1큰술
물 200ml
식초 2큰술
설탕 2.5큰술
진간장 1큰술
전분물 2큰술

1 표고버섯 기둥을 제거하고 4등분으로 썰어주세요.
2 양파와 당근, 파프리카는 2cm 크기로 썰어주세요.
3 표고버섯에 부침가루를 골고루 입혀주세요.
4 식용유를 충분히 가열한 후 표고버섯을 넣어 튀겨주세요.
5 튀긴 표고버섯을 건져내 기름기를 빼낸 후 한 번 더 튀겨줍
   니다.
6 팬에 물 200ml, 식초 2큰술, 설탕 2.5큰술, 진간장 1큰술을
   넣고 끓어오르면 양파, 당근, 파프리카를 넣어 끓여주세요.
7 전분물 2큰술을 넣어 걸쭉한 탕수 소스를 완성합니다.

수
요
일

양식으로 준비한 오늘의 도시락, 함박스테이크
입니다! 소고기다짐육과 돼지고기다짐육으로
쉽게 만들 수 있어요.

함박스테이크

30분

주재료

소고기다짐육 150g
돼지고기다짐육 150g

부재료

양파 1/2개
진간장 2큰술
달걀 1개
빵가루 1컵
소금 약간
후추 약간
물 50ml
케첩 2큰술
설탕 1큰술

1 양파 1/4개를 잘게 다지고 식용유 두른 팬에 약불로 갈색이 될 때까지 볶고 식혀줍니다.

2 볼에 양파, 소고기다짐육, 돼지고기다짐육, 진간장 1큰술, 달걀 1개, 빵가루 1컵, 소금, 후추 약간 넣어 섞어주세요.

3 2의 고기반죽을 동그랗고 납작하게 만들고 기름 두른 팬에 올려 앞뒤로 부쳐줍니다.

4 양파 1/4개를 채 썰고 볶다가 물 50ml, 진간장 1큰술, 케첩 2큰술, 설탕 1큰술 넣고 끓여서 소스를 만들어 함박스테이크 위에 부어줍니다.

목
요일

알록달록 삼색이 눈길을 사로잡는 소보로덮밥이에요. 돼지고
기다짐육이 조금 남았다면 소보로 만들어 보세요! 닭강정만큼
맛있는 두부강정도 함께 준비했어요.

소보로덮밥

15분

주재료
돼지고기다짐육 100g

부재료
달걀 1개
쪽파 2~3대
진간장 1큰술
맛술 1큰술
설탕 1/2큰술

1 돼지고기다짐육에 진간장 1큰술, 맛술 1큰술, 설탕 1/2큰술을 넣어 수분이 날아갈 때까지 볶아주세요.
2 달걀을 풀고 약불에서 천천히 휘저어가며 익혀 스크램블드에 그를 만들어 주세요.
3 쪽파를 잘게 썰어주세요.
4 밥 위에 스크램블드에그와 돼지고기, 쪽파를 올려 완성합니다.

두부강정

20분

주재료
두부 1/2모

부재료
전분가루 1큰술
케첩 1큰술
고추장 1/2큰술
진간장 1/2큰술
올리고당 1큰술
다진마늘 1큰술
물 2큰술

1 두부 1/2모를 정사각형 모양으로 썰고 물기를 제거해 주세요.
2 두부에 전분가루를 골고루 입혀주세요.
3 식용유를 충분히 가열한 후 두부를 넣고 튀겨주세요.
4 튀긴 두부를 건져내 기름기를 빼줍니다.
5 팬 위에 케첩 1큰술, 고추장 1/2큰술, 진간장 1/2큰술, 올리고당 1큰술, 다진마늘 1큰술, 물 2큰술을 넣어 살짝 끓여주세요.
6 소스에 튀긴 두부를 넣어 골고루 볶아주세요.

흰밥 위에 마파두부 얹어서 비벼 먹으면 밥 두 그릇도 먹을 수 있어요. 간단하게 마파두부 만 들어 보세요!

마파두부

25분

주재료
두부 1/2모
돼지고기다짐육 50g

부재료
대파 1/4대
양파 1/4개
진간장 1/2큰술
고추장 1/2큰술
된장 1/2큰술
고춧가루 1큰술
맛술 1큰술
다진마늘 1/2큰술
물 100ml
전분물 2큰술
후추 약간

1 두부는 2cm 크기로 깍둑썰기 하고 대파는 반으로 갈라 0.2cm 크기로 송송 썰고 양파는 잘게 썰어주세요.
2 진간장 1/2큰술, 고추장 1/2큰술, 된장 1/2큰술, 고춧가루 1큰술, 맛술 1큰술, 다진마늘 1/2큰술 섞어 양념장을 만들어 주세요.
3 프라이팬에 식용유를 두르고 대파와 양파를 넣어 볶다가 돼지고기다짐육을 넣어 함께 볶아주세요.
4 물 100ml와 양념장을 넣어 끓이다가 물이 끓어오르면 전분물 2큰술을 넣어 저어주세요.
5 두부를 넣고 후추를 약간 뿌려 조금 더 끓여주세요.

밑반찬

양배추볶음

베이컨숙주볶음

고춧잎나물무침

콜슬로

감자조림

**요일별
도시락 구성**

(밑반찬 5가지 중
2~3가지를 그날의
메인 반찬과
구성해보세요.)

(월) 닭갈비

　　고춧잎나물무침

　　베이컨숙주나물

　　콜슬로

(화) 베이컨양배추덮밥

　　감자채전

　　고춧잎나물무침

　　양배추볶음

　　김치

(수) 양배추쌈밥

　　꽁치김치찜

　　고춧잎나물무침

　　베이컨숙주나물

　　감자조림

(목) 치킨스테이크

양배추볶음

감자조림

콜슬로

(금) 베이컨말이

양배추볶음

감자조림

김치

장보기 목록

닭다리살 400g	5,800원
숙주나물 250g	1,980원
감자 500g	3,000원
양배추 1통	3,480원
캔꽁치 1개	4,480원
고춧잎나물 200g	2,980원
베이컨 2팩	4,320원
팽이버섯 300g	1,000원
합계	27,040원

감자조림

15분

(수)(목)(금)

-

주재료
감자 2~3개

부재료
물 100ml
진간장 2큰술
올리고당 2큰술

1 감자를 2cm 크기로 깍둑썰기 해주세요.
2 냄비에 물 100ml, 진간장 2큰술, 올리고당 2큰술, 감자를 넣고 끓여주세요.
3 국물이 적당히 졸아들 때까지 끓여줍니다.

베이컨숙주볶음

15분

(월)(수)

-

주재료
베이컨 3줄
숙주나물 200g

부재료
대파 1/4개
청양고추 1개
다진마늘 1큰술
굴소스 1큰술
참기름 1큰술
깨 약간

1 베이컨을 약 2cm 길이로 썰고 청양고추와 대파를 잘게 썰어 준비해 주세요.
2 팬에 기름을 두르고 다진마늘 1큰술을 넣어 볶아주세요.
3 베이컨을 넣고 볶다가 숙주나물을 넣어 볶아주세요.
4 숙주나물 숨이 살짝 죽으면 굴소스 1큰술, 청양고추를 넣어 볶아줍니다.
5 대파와 참기름 1큰술, 깨를 넣어 완성합니다.

고춧잎나물무침

(월)(화)(수)

-

주재료
고춧잎 200g

10분

부재료
소금 1/2큰술
국간장 1큰술
다진마늘 1큰술
들기름 1큰술(또는 참기름)
깨 1큰술

1 끓는 물에 소금 1/2큰술을 넣고 고춧잎을 넣어 1분 간 데쳐주세요.
2 데친 고춧잎을 건져내어 손으로 지그시 눌러 물기를 짜고 3cm 길이의 먹기 좋은 크기로 썰어주세요.
3 볼에 고춧잎, 국간장 1큰술, 다진마늘 1큰술, 들기름 1큰술과 깨 1큰술을 넣어 무쳐줍니다.

콜슬로

(월)(목)

-

주재료
양배추 1/6통

10분

(+10분 절이기)

부재료
소금 1/2큰술   설탕 2큰술
마요네즈 3큰술   후추 약간
식초 2큰술

1 양배추를 가늘게 채 썰어주세요.
2 양배추에 소금 1/2큰술을 넣어 10분 정도 절여주세요.
3 절인 양배추는 물기를 빼주세요.
4 양배추에 마요네즈 3큰술, 식초 2큰술, 설탕 2큰술, 후추 약간을 넣고 골고루 섞어주세요.

양배추볶음

(화)(목)(금)

-

주재료
양배추 1/6통

15분

부재료
당근 조금   굴소스 1큰술
대파 1/4개   참기름 1큰술
청양고추 1개   깨 약간
다진마늘 1큰술

1 양배추와 당근을 채 썰고, 대파와 청양고추는 0.3cm 두께로 썰어주세요.
2 팬에 기름을 두르고 다진마늘 1큰술, 대파를 넣어 볶아주세요.
3 양배추와 당근을 넣고 볶다가 양배추의 숨이 살짝 죽으면 굴소스 1큰술을 넣어 볶아주세요.
4 청양고추, 참기름 1큰술, 깨를 넣어 한 번 더 볶아주세요.

월
요
일

피곤한 월요일에 정신을 번쩍 들게 해줄 매콤한 닭갈비를 준비했어요. 양배추와 감자도 취향껏 듬뿍 넣어 만들어 보세요!

닭갈비

30분

주재료
닭다리살 200g
양배추 1/6통

부재료
감자 1개
양파 1/4개
청양고추 1개
대파 1/2대
고추장 1.5큰술
진간장 1.5큰술
고춧가루 1.5큰술
올리고당 1큰술
매실청 1/2큰술
맛술 1큰술
다진마늘 1큰술
참기름 1큰술

1 닭다리살은 3등분해 먹기 좋은 크기로 썰어주세요.
2 양배추는 3cm 두께로 깍둑썰기 하고, 감자는 4등분으로, 양파는 0.3cm 두께로 채 썰어주세요.
3 청양고추는 0.2cm 두께로 송송 썰고, 대파는 적당한 크기로 어슷썰기 해주세요.
4 고추장 1.5큰술, 진간장 1.5큰술, 고춧가루 1.5큰술, 올리고당 1큰술, 매실청 1/2큰술, 맛술 1큰술, 다진마늘 1큰술, 참기름 1큰술을 섞어서 양념장을 만들어 주세요.
5 볼에 닭다리살, 양배추, 감자, 양파, 대파, 청양고추와 양념장을 넣어 섞어주세요.
6 잘 달군 웍에 양념한 재료들을 올려 볶아주세요.

화
요
일

잘 어울리는 양배추와 베이컨을 볶고 가운데 달걀 톡 터트려
밥 위에 올려 비벼 먹으면 한 그릇 요리로도 훌륭해요. 감자를
채 썰어서 식감이 좋고 고소한 감자채전도 함께 곁들었어요.

베이컨 양배추덮밥

15분

주재료
베이컨 2줄
양배추 1/6통

부재료
달걀 1개(선택)
대파 1/4대
다진마늘 1/2큰술
굴소스 1큰술

1 양배추는 2cm 크기의 사각으로, 대파는 0.2cm 두께로 썰어 준비해 주세요.
2 베이컨은 1cm 두께로 썰어주세요.
3 프라이팬에 식용유를 두르고 대파와 다진마늘 1/2큰술을 넣어 볶아주세요.
4 베이컨을 먼저 넣어 볶다가 양배추를 넣어 볶아주세요.
5 양배추의 숨이 살짝 죽으면 굴소스 1큰술을 넣어 볶아주세요.
6 가운데를 동그랗게 비워두고 달걀 1개를 깨트려 반숙 프라이를 만들어 주세요.
7 밥 위에 올려줍니다.

감자채전

20분

주재료
감자 2개

부재료
소금 1/2작은술
부침가루 1큰술

1 감자 껍질을 벗기고 최대한 가늘게 채 썰어주세요.
2 볼에 감자채를 담고 소금 1/2작은술, 부침가루 1큰술을 넣어 섞어주세요.
3 프라이팬에 식용유를 두르고 예열한 후 감자채를 동그란 모양으로 올려 앞뒤로 노릇하게 부쳐주세요.

수
요
일

양배추쌈밥과 칼칼하고 매콤한 꽁치김치찜이
에요. 캔꽁치를 사용하면 생선 손질할 필요 없
이 쉽게 만들 수 있어요.

양배추쌈밥

15분

주재료
양배추 5장

부재료
밥 1공기
쌈장 1큰술

1 양배추를 1장씩 떼어 찜기에 넣어 약 5분 정도 쪄주세요.
2 밥을 한입 크기로 동그랗게 또는 타원형으로 만들어 주세요.
3 양배추를 1장씩 펼치고 그 위에 주먹밥을 올린 후 쌈장을 조금 올려주세요.
4 양배추를 말아주세요.

꽁치김치찜

30분

주재료
캔꽁치 1개

부재료
김치 1/4포기
양파 1/2개
대파 1/2대
고춧가루 1큰술
다진마늘 1큰술
맛술 1큰술
쌀뜨물 100ml

1 양파와 대파를 채 썰어서 준비해 주세요.
2 냄비에 김치를 먼저 깔고 꽁치를 넣어주세요.(꽁치 통조림에서 국물은 따라 버리고 꽁치만 넣어주세요.)
3 고춧가루 1큰술, 다진마늘 1큰술, 맛술 1큰술, 양파와 대파를 넣어주세요.
4 쌀뜨물 100ml를 넣어 푹 끓여주세요.

소고기스테이크만큼 맛있는 치킨스테이크예요. 닭다리살 노릇
하게 굽고 바싹 구운 감자를 곁들여 먹어보세요!

치킨스테이크

———

30분

주재료
닭다리살 200g

부재료
감자1/2개(선택)
소금 적당량
후추 적당량
버터 1큰술

다진마늘 1/2큰술
진간장 1큰술
식초 1/2큰술
올리고당 1큰술

1 닭다리살에 소금과 후추를 뿌려 밑간해 주세요.
2 감자를 0.5cm 두께의 반달 모양으로 썰어 준비해 주세요.
3 프라이팬에 닭다리살의 껍질 부분이 아래로 가도록 올리고 껍질 부분이 노릇해지면 뒤집어서
   구워주세요.
4 닭다리살에 버터 1큰술을 넣고 감자를 넣어 구워주세요.
5 닭다리살과 감자는 따로 덜어두고 사용하던 프라이팬에 소스를 만듭니다.
6 닭기름 조금에 다진마늘 1/2큰술을 넣어 볶다가 진간장 1큰술, 식초 1/2큰술, 올리고당 1큰술을
   넣어 끓여줍니다.

금 요일

도시락 반찬으로 참 좋은 베이컨말이입니다. 베이컨 속에 원하는 재료를 듬뿍 넣어도 좋아요. 한입에 쏙 들어가서 먹기도 편하답니다.

베이컨말이

20분

주재료
베이컨 5줄
팽이버섯 1봉

부재료
쪽파 약 10대

1 베이컨을 반으로 썰어주세요.
2 베이컨 길이에 맞춰 팽이버섯과 쪽파를 썰어주세요.
3 베이컨 위에 팽이버섯, 쪽파 적당량을 올려 말아주세요.
4 프라이팬에 기름을 두르고 베이컨말이를 올려 구워주세요.

밑반찬

쪽파김무침

매운애호박무침

브로콜리된장무침

홍합조림

브로콜리새우볶음

**요일별
도시락 구성**

(밑반찬 5가지 중
2~3가지를 그날의
메인 반찬과
구성해보세요.)

㉠ 고구마밥

　홍합찜

　쪽파김무침

　매운애호박무침

　브로콜리된장무침

㉠ 새우볼

　홍합조림

　브로콜리새우볶음

　새우볼 소스

㉠ 파전

　브로콜리된장무침

　홍합조림

　양념장

(목) 애호박참치덮밥

고구마볼

쪽파김무침

브로콜리된장무침

김치

(금) 참치마요주먹밥

고구마맛탕

매운애호박무침

브로콜리새우볶음

쪽파김무침

장보기 목록

고구마 1kg	5,000원
홍합 1kg	4,000원
칵테일새우 200g	6,500원
브로콜리 1개	1,480원
쪽파 300g	3,000원
애호박 1개	1,500원
캔참치 2개	5,760원
조미김 2봉	1,000원

| **합계** | 28,240원 |

홍합조림

⟮화⟯ ⟮수⟯

-

주재료
홍합살 2줌

20분

부재료
청양고추 1개
대파 1/4대
편마늘 1줌
참기름 1큰술
진간장 1큰술
올리고당 1큰술
홍합 삶은 물 1큰술
깨 약간

1 청양고추와 대파는 0.2cm 두께로 송송 썰어서 준비해 주세요.
2 홍합을 깨끗하게 세척한 후 홍합 껍데기가 벌어질 때까지 삶아주세요.
3 홍합살만 발라내고 껍데기를 모두 제거합니다.
4 프라이팬에 참기름 1큰술, 편마늘 1줌을 넣어 볶아주세요.
5 진간장 1큰술, 올리고당 1큰술, 홍합 삶은 물 1큰술에 홍합살을 넣어 조려주세요.
6 청양고추와 대파, 깨를 넣어 마무리합니다.

쪽파김무침

⟮월⟯ ⟮목⟯ ⟮금⟯

-

주재료
쪽파 약 20대
조미김 2봉지

10분

부재료
소금 1/2큰술
참치액젓 1/2큰술
참기름 1큰술
깨 1큰술

1 쪽파를 약 10cm 길이로 썰고 끓는 물에 소금 1/2큰술을 넣어 약 10초 간 데쳐주세요.
2 쪽파의 물기를 꽉 짜주세요.
3 볼에 쪽파를 넣고 조미김을 부숴 넣어주세요.
4 참치액젓 1/2큰술, 참기름 1큰술, 깨 1큰술을 넣어 가볍게 무쳐주세요.

매운애호박무침

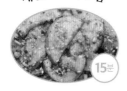

15분

(월)(금)
-

주재료
애호박 1/2개

부재료
대파 1/4대
국간장 1/2큰술
다진마늘 1/2큰술
고춧가루 1/2큰술
올리고당 1/2큰술

1 애호박을 반달썰기 하고, 대파는 길게 반 갈라 0.3cm 두께로 썰어주세요.
2 프라이팬에 기름을 두르고 애호박을 구워주세요.
3 볼에 구운 애호박, 대파, 국간장 1/2큰술, 다진마늘 1/2큰술, 고춧가루 1/2큰술, 올리고당 1/2큰술을 넣어 버무려 줍니다.

브로콜리새우볶음

15분

(화)(금)
-

주재료
브로콜리 1/2개
칵테일 새우 50g

부재료
마늘 5개
후추 약간
굴소스 1큰술
참기름 1큰술
식초 1큰술(세척용)

1 브로콜리는 한입 크기로 잘라주세요.
2 물에 식초 1큰술을 넣고 5분 정도 브로콜리를 담갔다가 흐르는 물에 씻어주세요.
3 냉동 칵테일 새우는 물에 넣어 녹이고 꼬리를 제거한 다음 키친 타월에 올려 물기를 닦아주세요.
4 마늘은 0.2cm 두께로 편 썰어 올리브유를 두른 프라이팬에 넣고 볶아주세요.
5 칵테일 새우를 넣고 후추를 뿌려 볶아주세요.
6 브로콜리와 굴소스 1큰술을 넣고 볶아주세요.
7 참기름 1큰술을 넣고 한 번 더 볶아주세요.

브로콜리된장무침

10분

(월)(수)(목)
-

주재료
브로콜리 1/2개

부재료
소금 1/2큰술
된장 1/2큰술
고추장 조금
다진마늘 1/2큰술
매실청 1큰술
참기름 1큰술
깨 약간

1 브로콜리를 한입 크기로 잘라 끓는 물에 소금 1/2큰술을 넣고 2분 정도 데쳐주세요.
2 볼에 브로콜리를 넣고 된장 1/2큰술, 고추장 조금, 다진마늘 1/2큰술, 매실청 1큰술, 참기름 1큰술을 넣어 가볍게 무쳐주세요.
3 깨를 뿌려 마무리합니다.

월

요일

달달한 고구마밥에 매콤한 홍합찜을 준비했어요. 고춧가루를 넣어 칼칼하고 매콤한 별미랍니다.

고구마밥

30분

주재료
고구마 1개

부재료
쌀 1컵
물 1컵

1 고구마는 껍질을 벗기고 3cm 크기로 깍둑썰기 해주세요.
2 전기 밥솥에 쌀과 물 1컵씩 1:1 비율로 넣어주세요.
3 밥 위에 고구마를 가득 올린 후 밥을 지어주세요.

홍합찜

20분

주재료
홍합 약 20~25개

부재료
청양고추 1개
홍고추 1개
진간장 1큰술
고춧가루 1큰술
설탕 1/2큰술
맛술 1큰술
다진마늘 1/2큰술
홍합 삶은 물 2국자

1 홍합을 깨끗하게 세척한 후 홍합 껍데기가 벌어질 때까지 삶아주세요.
2 홍합의 윗 껍데기만 제거한 후 냄비에 차곡차곡 쌓아 올려주세요.
3 진간장 1큰술, 고춧가루 1큰술, 설탕 1/2큰술, 맛술 1큰술, 다진마늘 1/2큰술에 청양고추와 홍고추 1개씩 다져 넣어 섞어주세요.
4 홍합 위에 3번의 양념장과 홍합 삶은 물 2국자를 넣어 양념이 배도록 쪄주세요.

화 요일

새우튀김과는 식감이 또 다른 새우볼이에요. 새우와 채소를 다
져서 동그랗게 만들어 튀기면 반찬뿐만 아니라 간식으로도 좋
아요.

새우볼

30분

주재료	부재료	
칵테일 새우 150g	양파 1/2개	밀가루 1컵
	당근 조금	달걀 1개
	부침가루 2큰술	빵가루 1컵

1 냉동 칵테일 새우는 물에 넣어 녹이고 꼬리를 제거해 준비해 주세요.
2 양파, 당근, 새우를 잘게 다져주세요.
3 볼에 다진 양파, 당근, 새우와 부침가루 2큰술을 넣어 섞어주세요.
4 동그랗게 모양을 만들고 밀가루, 달걀물, 빵가루 순서대로 굴려가며 겉에 묻혀주세요.
5 예열된 기름에 넣어 튀겨주세요.

수요일 언제 먹어도 맛있는 파전이에요. 오징어나 홍합 등 해물을 넣어 만들면 맛이 두 배는 좋아져요!

파전

———
20분

주재료
쪽파 약 10대

부재료
청양고추 1개
홍고추 1개
부침가루 1국자
찬물 1국자

1 쪽파를 약 10cm 길이로 썰고, 청양고추와 홍고추는 잘게 썰어 준비해 주세요.

2 부침가루 1국자와 찬물 1국자를 넣어 섞어주세요.

3 적당량의 쪽파를 가지런히 잡고 반죽에 넣어 묻혀주세요.

4 프라이팬에 식용유를 두르고 예열한 후 중불에서 반죽 묻힌 쪽파를 흐트러지지 않게 올린 후 청양고추와 홍고추를 올려 부쳐주세요.

＊ 기호에 맞게 쪽파를 썰지 않고 부치거나, 쪽파를 썰어서 반죽에 한꺼번에 넣어 부쳐도 됩니다.

애호박과 참치도 잘 어울려요. 고춧가루를 넣어 매콤하게 만들면 한 그릇 요리로도 합격이랍니다. 고구마를 으깨서 튀긴 고구마볼은 간식으로도 추천해요.

애호박참치덮밥

10분

주재료
애호박 1/3개
캔참치 1개

부재료
다진마늘 1큰술
소금 1꼬집
고춧가루 2큰술
진간장 1큰술
참기름 1큰술
깨 약간

1 애호박을 채 썰어 준비해 주세요.
2 프라이팬에 기름을 두르고 다진마늘 1큰술을 넣어 볶다가 애호박을 넣어주세요.
3 애호박에 소금 1꼬집을 넣고 볶아주세요.
4 애호박이 살짝 투명해질 때쯤에 기름을 뺀 참치와 고춧가루 2큰술, 진간장 1큰술을 넣고 볶아주세요.
5 참기름 1큰술, 깨를 넣어 마무리한 후 밥 위에 올려주세요.

고구마볼

30분

주재료
고구마 1~2개

부재료
전분가루 2큰술

1 고구마 껍질을 벗기고 찜기에 쪄주세요.
2 고구마를 으깬 후 전분가루 2큰술을 넣어 섞어주세요.
3 손으로 치대면서 반죽을 만들어 줍니다.
4 한입 크기로 동그랗게 모양을 만들어 주세요.
5 예열된 기름에 넣어 튀겨주세요.

금
요
일

참치에 마요네즈 듬뿍 넣어 만든 고소한 주먹
밥과 달짝지근한 고구마맛탕의 조합!

참치마요주먹밥

10분

주재료
캔참치 1개

부재료
밥 1공기
마요네즈 2큰술
소금 1/2작은술
참기름 1큰술
깨 1큰술

1 참치 통조림의 기름을 따라내고 마요네즈 2큰술을 넣어 섞어주세요.
2 밥에 소금 1/2작은술, 참기름 1큰술, 깨 1큰술을 넣어 섞어주세요.
3 밥을 한입 분량으로 동그랗게 만들고 안에 참치를 넣어주세요.
4 참치 넣은 밥을 동그랗게 또는 타원형으로 만들어 주세요.

* * 기호에 맞게 주먹밥 겉에 김가루를 묻혀도 좋습니다.

고구마맛탕

20분

주재료
고구마 1~2개

부재료
식용유 1큰술
설탕 2큰술

1 고구마를 한입 크기로 깍둑썰기 해주세요.
2 예열된 기름에 고구마를 넣어 튀겨주세요.
3 튀긴 고구마는 꺼내어 잠시 기름을 빼고 한 김 식혀주세요.
4 프라이팬에 식용유 1큰술과 설탕 2큰술을 넣어 중불에서 젓지 말고 녹여주세요.
5 설탕이 살짝 녹을 때 약불로 줄여 마저 녹여주세요.
6 설탕이 다 녹으면 튀긴 고구마를 넣어 빠르게 섞어줍니다.
7 평평하고 넓은 그릇에 고구마를 하나씩 펼쳐 식혀주세요.

한 달에 10만 원 도시락 만들기

PART

4

겨울

추운 겨울에는 아무래도 속이 든든한 음식이 먹고 싶어지죠. 도시락도
조금만 먹어도 든든한 메인 반찬들을 주로 구성했어요.

겨울 도시락 식단표

주	요일	메인 반찬 1	메인 반찬 2
1주차	월	닭곰탕	
	화	명란솥밥	김달걀말이
	수	닭볶음탕	
	목	시래기솥밥	명란달걀찜
	금	명란마요주먹밥	감자전
2주차	월	돼지목살갈비	
	화	간장두부조림	
	수	김치말이찜	
	목	멸치주먹밥	세발나물전
	금	옛날소시지부침	
3주차	월	우엉김밥	
	화	닭꼬치	
	수	시금치달걀말이	
	목	단무지주먹밥	떡볶이
	금	치킨가라아게	
4주차	월	꼬막비빔밥	꼬막무침
	화	알배추쌈밥	돼지수육
	수	참치무조림	
	목	차슈덮밥	
	금	꼬막솥밥	알배추찜

※ 겨울 4주 식단표입니다. 메인 반찬을 제외한 밑반찬 5종, 김치, 양념장 등을 겹치지 않게 3가지씩 도시락에 구성합니다.

밑반찬 1	밑반찬 2	밑반찬 3
시래기무침	김무침	김치
감자채볶음	메추리알장조림	명란무침
명란무침	김무침	시래기무침
감자채볶음	메추리알장조림	양념장
메추리알장조림	시래기무침	양념장
브로콜리흑임자샐러드	김치볶음	세발나물무침
세발나물무침	멸치볶음	브로콜리흑임자샐러드
브로콜리두부무침	세발나물무침	멸치볶음
브로콜리두부무침	김치볶음	양념장
김치볶음	멸치볶음	케첩
떡강정	미역줄기볶음	김치
시금치나물무침	우엉조림	당근채볶음
미역줄기볶음	우엉조림	떡강정
시금치나물무침	당근채볶음	미역줄기볶음
마요네즈 소스	당근채볶음	우엉조림
파래전	무전	양념장
무전	파래무침	김치
파래전	알배추나물무침	어묵볶음
파래무침	알배추나물무침	어묵볶음
파래무침	어묵볶음	양념장

밑반찬

시래기무침
명란무침
메추리알장조림
김무침
감자채볶음

**요일별
도시락 구성**

(밑반찬 5가지 중
2~3가지를 그날의
메인 반찬과
구성해보세요.)

㉠ 닭곰탕
　시래기무침
　김무침
　김치

㉠ 명란솥밥
　김달걀말이
　감자채볶음
　메추리알장조림
　명란무침

㉠ 닭볶음탕
　명란무침
　김무침
　시래기무침

(목) 시래기솥밥
　　명란달걀찜
　　감자채볶음
　　메추리알장조림
　　양념장

(금) 명란마요주먹밥
　　감자전
　　메추리알장조림
　　시래기무침
　　양념장

장보기 목록

닭볶음탕용 닭 1kg	6,900원
메추리알 35구	3,170원
감자 500g	3,000원
건시래기 120g	3,850원
달걀 10구	3,320원
명란 350g	10,000원
김 1봉	2,000원

합계	32,240원

메추리알장조림

30분

화 목 금

-
주재료
메추리알 35개

부재료
소금 1/2큰술
식초 1큰술
물 300ml
진간장 100ml
설탕 4큰술
다시마 2장
청양고추 2개

1 물에 소금 1/2큰술, 식초 1큰술, 메추리알을 넣어 약 8분 정도 삶고, 껍질을 까주세요.
2 냄비에 물 300ml, 진간장 100ml, 설탕 4큰술, 다시마 2장, 메추리알을 넣고 끓여주세요.
3 청양고추를 3cm 길이로 썰어 넣고 조려주세요.

명란무침

10분

화 수

-
주재료
명란 4개

부재료
청양고추 1개
홍고추 1개
쪽파 1대(또는 대파)
맛술 1/2큰술
참기름 1큰술
깨 약간

1 명란을 2등분해서 알을 긁어내 주세요.
2 쪽파와 청양고추, 홍고추를 잘게 썰어주세요.
3 명란에 쪽파, 청양고추, 홍고추를 넣고, 맛술 1/2큰술, 참기름 1큰술, 깨를 넣어 섞어주세요.

시래기무침

(월)(수)(금)
-
주재료
건시래기 약 50g

부재료
소금 1큰술
된장 2큰술
매실청 1큰술

들기름 1큰술
깨 1큰술

(+1시간 삶기)-건시래기 불리는 시간 제외

1 건시래기는 반나절 물에 불리고 끓는 물에 소금 1큰술을 넣어 1시간 정도 삶아주세요.
2 시래기는 건져내 물기를 짜고 5cm 길이로 썰어주세요.
3 볼에 시래기, 된장 2큰술, 매실청 1큰술, 들기름 1큰술, 깨 1큰술을 넣어 무쳐주세요.

김무침

(월)(수)
-
주재료
김 8장

부재료
홍고추 1개
대파 1/4대
진간장 2큰술

매실청 2큰술
들기름 1큰술
깨 약간

1 김을 비닐봉지에 넣어 잘게 부숴주세요.
2 홍고추와 대파는 잘게 썰어주세요.
3 진간장 2큰술, 매실청 2큰술, 들기름 1큰술, 홍고추, 대파를 넣어 양념을 만들어 주세요.
4 김에 양념을 넣어 가볍게 섞어준 후 깨를 뿌려 마무리합니다.

감자채볶음

(화)(목)
-
주재료
감자 2개

부재료
당근 1/4개
소금 1/2작은술

1 감자와 당근은 0.5cm 굵기로 채 썰어주세요.
2 감자는 10분 정도 물에 담가 전분기를 빼준 후 물기를 제거해 주세요.
3 프라이팬에 식용유를 두르고 감자와 당근을 넣어 볶아주세요.
4 소금 1/2작은술을 넣어 더 볶아주세요.

월
요
일

한 주의 시작, 든든하게 몸보신 음식을 준비했어요. 시간은 오래 걸리지만 정성이 듬뿍 담긴만큼 더 맛있는 닭곰탕이에요.

닭곰탕

1시간 **30**분

주재료
닭 1/2마리

부재료
물 2L
대파 1/2대
양파 1/2개
마늘 5개
소금 1작은술

1 냄비에 닭, 대파, 양파, 마늘을 넣고 물 2L를 넣어주세요.
2 중불에서 40분 정도 끓여주세요.
3 닭이 익으면 건져내 잘게 찢어주세요.
4 육수에 닭뼈를 넣어 다시 30분 정도 끓여주세요.
5 닭뼈와 대파, 양파, 마늘을 건져내고, 소금 1작은술을 넣어주세요.
6 고명용 대파는 0.3cm 크기로 송송 썰어 준비해 주세요.
7 닭고기에 육수를 붓고 대파를 넣어주세요. 입맛에 맞게 소금으로 간을 해주세요.

한입만 먹어도 반할 만큼 맛난 명란솥밥이에요. 짭조름한 명란
과 고소한 버터 향이 어울려 다른 반찬도 필요 없어요. 평범한
달걀말이가 싫증났다면 김을 넣어 만들어 보세요!

명란솥밥

30분 (+30분 쌀 불리기)

주재료
명란 2개

부재료
쌀 1컵
다시마 우린 물 1컵
진간장 1/2큰술
쪽파 약 5대
버터 2큰술

1 쌀을 씻어 30분 정도 불려주세요.
2 무쇠솥에 불린 쌀과 다시마 우린 물을 1컵씩 1:1 비율로 넣고 진간장 1/2큰술을 넣어주세요.
3 한 번 끓어오르면 저어주고 뚜껑을 덮어 중약불에 10분, 약불에 5분 정도 끓여주세요.
4 그동안 쪽파는 쫑쫑 썰어 준비하고, 프라이팬에 버터를 녹이고 명란을 넣어 구워주세요.
5 밥 위에 쪽파, 명란, 버터 1큰술을 올리고 뚜껑을 덮은 후 10분 정도 뜸 들여주세요.

김달걀말이

15분

주재료
달걀 4개
김 2장

부재료
소금 1/2작은술

1 달걀 4개를 풀고 소금 1/2작은술을 넣어 섞어주세요.
2 프라이팬에 식용유를 두르고 약불에서 달걀물을 조금 붓고 김을 올려서 말아주세요.
3 달걀물을 조금씩 붓고 김을 올려 말아주는 과정을 반복하면서 모양을 잡아주세요.

자작한 빨간 국물이 맛있게 매콤하고 달달한
닭볶음탕이에요. 닭과 양념을 넣어 푹 끓이기
만 하면 되어 은근히 만들기 쉬운 메뉴예요.

닭볶음탕

50분

주재료
닭 1/2마리
감자 1개

부재료
당근 1/4개
대파1/4대
양파 1/4개
물 300ml
고추장 2큰술
고춧가루 1큰술
진간장 4큰술
올리고당 2큰술
맛술 1큰술
다진마늘 1큰술
후추 약간

1 닭은 끓는 물에 데쳐 살짝 익힌 후 흐르는 물에서 한 번 더 씻어 불순물을 제거해 주세요.
2 감자와 당근은 깍둑썰기 하고, 대파는 어슷썰기, 양파는 갈아서 준비해 주세요.
3 고추장 2큰술, 고춧가루 1큰술, 진간장 4큰술, 올리고당 2큰술, 맛술 1큰술, 다진마늘 1큰술, 간 양파, 후추 약간을 섞어 양념을 만들어 주세요.
4 냄비에 닭, 물 300ml, 감자, 당근, 양념을 넣어 중불에서 30분 정도 끓여주세요.
5 대파를 넣고 조금 더 끓여주세요.

목

요

일

건강한 메뉴인 시래기솥밥과 조금 독특한 메뉴
명란달걀찜이에요. 달걀찜에 명란을 넣어 따로
소금 간을 하지 않아도 짭조름하고 맛있어요.

시래기솥밥

30분 (+30분 쌀 불리기)

주재료
삶은 시래기 1줌

부재료
쌀 1컵
다시마 우린 물 1컵
진간장 1/2큰술
국간장 1큰술
들기름 1큰술

1 쌀을 씻어 30분 정도 불려주세요.
2 삶은 시래기는 5cm 길이로 썰어주세요.
3 볼에 시래기, 국간장 1큰술, 들기름 1큰술을 넣어 무쳐주세요.
4 무쇠솥에 불린 쌀과 시래기를 넣어 살짝 볶아주세요.
5 다시마 우린 물을 1컵 넣고 진간장 1/2큰술을 넣어주세요.
6 한 번 끓어오르면 저어주고 뚜껑을 덮어 중약불에 10분, 약불에 5분 정도 끓여주세요.
7 뚜껑을 덮은 후 10분 정도 뜸 들여주세요.

명란달걀찜

15분

주재료
달걀 5개
명란 2개

부재료
다시마 우린 물 150ml
맛술 1큰술

1 명란의 알을 칼등으로 긁어 발라주세요.
2 달걀 5개를 풀고 맛술 1큰술, 명란을 넣어 섞어주세요.
3 뚝배기에 다시마 우린 물 150ml, 달걀물을 넣어주세요.
4 중불에서 타지 않도록 잘 저어가며 익히다가 80% 정도 익으면 뚜껑을 닫아 약불로 줄여주세요.
5 약불에서 5분간 익혀주세요.

짭조름한 명란마요주먹밥과 고소한 감자전을
준비했어요. 감자를 곱게 갈아 부치면 쫀득한
식감이 일품이랍니다!

명란마요주먹밥

15분

주재료
명란 2개

부재료
밥 1공기
마요네즈 2큰술
소금 2꼬집
참기름 1큰술
깨 1큰술

1 명란의 알을 칼등으로 긁어내 발라주세요.
2 명란에 마요네즈 2큰술을 넣어 섞어주세요.
3 밥에 소금 2꼬집, 참기름 1큰술, 깨 1큰술을 넣어 섞어주세요.
4 밥을 한입 분량으로 동그랗게 만들고 안에 명란마요 1/2큰술을 넣어주세요.
5 명란 넣은 밥을 동그랗게 또는 타원형으로 만들어 주세요.

감자전

20분

주재료
감자 2개

부재료
소금 2꼬집

1 감자를 갈아서 체에 걸러주세요.
2 체에 걸러 감자에서 나온 물은 10분 정도 둔 후, 가라앉은 전분은 두고 윗 물은 따라 버려주세요.
3 볼에 간 감자를 넣고 전분과 소금 2꼬집을 넣어 섞어주세요.
4 프라이팬에 식용유를 두르고 예열한 후 동그란 모양으로 올려 앞뒤로 노릇하게 부쳐주세요.

밑반찬

세발나물무침
멸치볶음
브로콜리두부무침
브로콜리흑임자샐러드
김치볶음

요일별 도시락 구성

(밑반찬 5가지 중 2~3가지를 그날의 메인 반찬과 구성해보세요.)

월 돼지목살갈비
브로콜리흑임자샐러드
김치볶음
세발나물무침

화 간장두부조림
세발나물무침
멸치볶음
브로콜리흑임자샐러드

수 김치말이찜
브로콜리두부무침
세발나물무침
멸치볶음

（목） 멸치주먹밥

세발나물전

브로콜리두부무침

김치볶음

양념장

（금） 옛날소시지부침

김치볶음

멸치볶음

케첩

장보기 목록

돼지 목살 400g	7,930원
브로콜리 1개	1,580원
두부 1모	1,300원
옛날소시지 1봉	1,480원
멸치 150g	4,150원
세발나물 200g	1,980원
합계	18,420원

브로콜리흑임자샐러드

15분

월 화

-

주재료
브로콜리 1/2개

부재료
검은깨 2큰술
마요네즈 3큰술
설탕 1큰술
식초 1큰술
소금 1/2큰술+1꼬집
식초 1큰술(세척용)

1 브로콜리는 한입 크기로 잘라주세요.
2 물에 식초 1큰술을 넣고 10분 정도 브로콜리를 담갔다가 흐르는 물에 씻어주세요.
3 끓는 물에 소금 1/2큰술을 넣고 브로콜리를 2분 정도 데쳐주세요.
4 검은깨 2큰술을 갈아서 준비합니다.
5 볼에 간 검은깨와 마요네즈 3큰술, 설탕 1큰술, 식초 1큰술, 소금 1꼬집을 넣어 섞어주세요.
6 소스에 브로콜리를 넣어 버무려 주세요.

브로콜리두부무침

15분

수 목

-

주재료
브로콜리 1/2개
두부 1/2모

부재료
소금 1/2큰술
다진마늘 1/2큰술
국간장 1큰술
참기름 1큰술
깨 1큰술

1 브로콜리를 한입 크기로 잘라 끓는 물에 소금 1/2큰술을 넣고 2분 정도 데쳐주세요.
2 두부 1/2모는 끓는 물에 넣어 1분 정도 데쳐주세요.
3 두부를 꽉 짜서 물기를 빼주세요.
4 볼에 브로콜리, 두부, 다진마늘 1/2큰술, 국간장 1큰술, 참기름 1큰술, 깨 1큰술을 넣어 무쳐주세요.

멸치볶음

화 수 금
-
주재료
잔멸치 100g

부재료
맛술 1큰술
진간장 1/2큰술
올리고당 2큰술
깨 약간

10분

1 멸치의 비린내를 없애기 위해 프라이팬에 멸치를 넣고 볶다가 노릇노릇해지면 체에 밭쳐 찌꺼기를 걸러주세요.
2 프라이팬에 식용유를 두르고 멸치, 맛술 1큰술, 진간장 1/2큰술을 넣고 볶아주세요.
3 불 끄고 올리고당 2큰술 넣어 한 번 더 볶고 깨를 뿌려주세요.

세발나물무침

월 화 수
-
주재료
세발나물 100g

부재료
양파 1/4개
국간장 2큰술
멸치액젓 1큰술
식초 2큰술
고춧가루 2큰술
설탕 1큰술

매실청 1큰술
다진마늘 1큰술
참기름 1큰술
깨 약간
식초 1큰술(세척용)

15분

1 물에 식초 1큰술을 넣고 5분 정도 세발나물을 담갔다가 흐르는 물에 씻어주세요.
2 양파는 0.3cm 두께로 채 썰어주세요.
3 국간장 2큰술, 멸치액젓 1큰술, 식초 2큰술, 고춧가루 2큰술, 설탕 1큰술, 매실청 1큰술, 다진마늘 1큰술 섞어 양념장 만들어 주세요.
4 볼에 세발나물, 양파, 양념장을 넣고 가볍게 무쳐주세요. 참기름 1큰술과 깨를 넣어 마무리합니다.

김치볶음

월 목 금
-
주재료
김치 1컵

부재료
대파 1/4대
설탕 1/2큰술
진간장 1/2큰술

고춧가루 1/2큰술
물 1/2컵
들기름 1큰술

15분

1 김치는 2cm 길이로 썰고 대파는 0.2cm 두께로 송송 썰어 준비해 주세요.
2 프라이팬에 식용유를 두르고 대파를 넣어 볶다가 김치를 넣어주세요.
3 김치를 볶다가 설탕 1/2큰술을 넣어 볶아주세요.
4 진간장 1/2큰술, 고춧가루 1/2큰술을 넣어 볶다가 물 1/2컵을 넣어 조리듯 볶아주세요.
5 들기름 1큰술을 넣어 한 번 더 볶아줍니다.

월
요
일

돼지 목살을 간장 양념에 푹 재우면 간단하게
돼지갈비 완성!

돼지목살갈비

20분 (재우는 시간 제외)

주재료
돼지 목살 200g

부재료
양파 1/4개
진간장 2큰술
맛술 1큰술
설탕 1큰술
매실청 1/2큰술
다진마늘 1큰술
물 2큰술
후추 적당량

1   돼지 목살은 핏물을 제거하고, 칼집을 살짝 내주세요.
2   양파는 갈아서 준비해 주세요.
3   진간장 2큰술, 맛술 1큰술, 설탕 1큰술, 매실청 1/2큰술, 다진
    마늘 1큰술, 간 양파, 물 2큰술, 후추 넣어 양념을 만들어 주
    세요.
4   양념에 목살을 넣고 냉장고에 넣어 반나절 정도 재워주세요.
5   프라이팬에 올려 구워주세요.

매운 두부조림이 식상해졌다면 간장 양념으로 만들어 보세요!
짭조름한 맛이 별미랍니다.

간장두부조림

20분

주재료
두부 1/2모

부재료
전분가루 1큰술
진간장 1큰술
올리고당 1큰술
맛술 1큰술

1 두부는 1cm 두께로 썰어주세요.
2 두부에 전분가루를 골고루 입혀주세요.
3 진간장 1큰술, 올리고당 1큰술, 맛술 1큰술을 섞어 양념을 만들어 주세요.
4 프라이팬에 식용유를 두르고 두부를 앞뒤로 구운 후 양념을 넣어 조려주세요.

추운 겨울, 뜨끈한 김치찜이 생각나지 않나요? 김치 위에 목살 올리고 돌돌 말아 푹 끓여주니 보기에도 예쁘고 맛도 좋아요.

김치말이찜

40분

주재료
돼지 목살 200g

부재료
김치 1/4포기
김칫국물 1국자
청양고추 1개
홍고추 1개
양파 1개
대파 1/4대

쌀뜨물 300ml
고춧가루 1/2큰술
진간장 1/2큰술
설탕 1/2큰술
다진마늘 1/2큰술

1 목살을 1cm 두께, 5cm 길이로 썰어주세요. 청양고추와 홍고추는 0.2cm 두께로 송송 썰고, 양파는 1cm 두께로 동그랗게 썰고, 대파는 어슷썰기 해주세요.

2 김치 1장을 펼치고 김치 위에 목살을 올려 돌돌 말아주세요.

3 냄비에 양파를 먼저 깔고 김치말이를 가지런히 올려주세요.

4 쌀뜨물 300ml, 김칫국물 1국자, 고춧가루 1/2큰술, 진간장 1/2큰술, 설탕 1/2큰술, 다진마늘 1/2큰술을 넣어주세요.

5 대파, 청양고추, 홍고추를 넣어 푹 끓여주세요.

   * 김치 요리는 김치에 따라 맛이 달라질 수 있으니 간 보면서 양념을 가감하세요!

단짠단짠 멸치주먹밥에 고소한 세발나물전이
에요. 세발나물은 무쳐도 맛있고 부쳐 먹어도
맛있어요!

멸치주먹밥

20분

주재료
멸치 50g

부재료
밥 1공기
진간장 1작은술
맛술 1/2큰술
올리고당 1큰술
참기름 1큰술
깨 적당량

1 멸치의 비린내를 없애기 위해 프라이팬에 기름 없이 멸치를 넣고 볶다가 노릇노릇해지면 체에 밭쳐 찌꺼기를 걸러주세요.
2 프라이팬에 식용유를 두르고 멸치, 맛술 1/2큰술, 진간장 1작은술을 넣고 볶아주세요.
3 불 끄고 올리고당 1큰술을 넣어 한 번 더 볶아주세요.
4 밥에 멸치, 참기름 1큰술, 깨를 넣어 섞어주세요.
5 밥을 한입 분량으로 동그랗게 만들어 주세요.

세발나물전

20분

주재료
세발나물 100g

부재료
청양고추 1개
홍고추 1개
부침가루 1국자
찬물 1국자
식초 1큰술(세척용)

1 물에 식초 1큰술을 넣고 5분 정도 세발나물을 담갔다가 흐르는 물에 씻어주세요.
2 청양고추와 홍고추는 0.3cm 크기로 송송 썰어주세요.
3 볼에 세발나무, 청양고추를 넣고 부침가루 1국자와 찬물 1국자를 넣어 섞어주세요.
4 프라이팬에 식용유를 두르고 예열한 후 반죽을 동그랗게 올리고 홍고추 하나씩 얹어 중불에서 부쳐주세요.

오늘은 옛날 도시락 특집으로 준비했어요. 분홍소시지 부치고
김치볶음과 멸치볶음, 밥 위에는 달걀프라이 올려 추억의 옛날
도시락 완성!

옛날소시지부침

15분

주재료
옛날소시지 1/2봉(150g)

부재료
부침가루 1큰술
달걀 1개

1 옛날소시지는 0.8cm 두께로 동그랗게 썰어주세요.
2 비닐봉지에 부침가루 1큰술과 소시지를 넣고 흔들어서 골고루 묻혀주세요.
3 달걀을 풀고 소시지를 넣어 달걀물을 입혀주세요.
4 프라이팬에 식용유를 두르고 소시지를 부쳐주세요.

밑반찬

미역줄기볶음

시금치나물무침

떡강정

당근채볶음

우엉조림

요일별

도시락 구성

(밑반찬 5가지 중
2~3가지를 그날의
메인 반찬과
구성해보세요.)

(월) 우엉김밥

떡강정

미역줄기볶음

김치

(화) 닭꼬치

시금치나물무침

우엉조림

당근채볶음

(수) 시금치달걀말이

미역줄기볶음

우엉조림

떡강정

(목) 단무지주먹밥
　　떡볶이
　　시금치나물무침
　　당근채볶음
　　미역줄기볶음

(금) 치킨가라아게
　　마요네즈 소스
　　당근채볶음
　　우엉조림

장보기 목록

닭다리살 400g	5,800원
달걀 10구	3,320원
시금치 300g	1,800원
우엉 350g	2,975원
떡볶이떡 500g	2,800원
단무지 370g	2,380원
김밥김 1봉	1,700원
당근 1개	1,000원
미역줄기 200g	1,600원
합계	23,375원

시금치나물무침

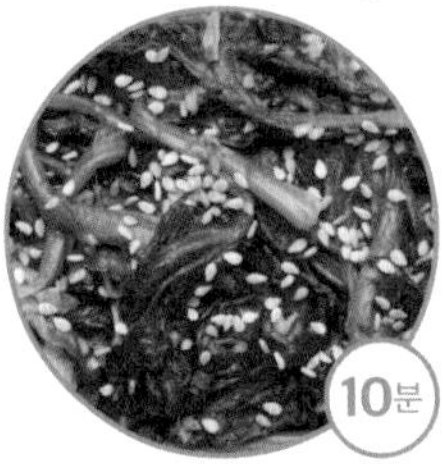

화 목

-

주재료
시금치 250g

부재료
소금 1/2큰술
국간장 1큰술
다진마늘 1큰술
참기름 1큰술
깨 적당량

1 시금치는 꼭지를 제거하고 2등분이나 4등분한 후 깨끗하게 씻어주세요.
2 끓는 물에 소금 1/2큰술을 넣고 시금치를 넣어 10초 정도 데쳐주세요.
3 시금치를 꽉 짜서 물기를 빼주세요.
4 볼에 시금치를 넣고 국간장 1큰술, 다진마늘 1큰술, 참기름 1큰술, 깨를 넣어 가볍게 무쳐주세요.

우엉조림

화 수 금

-

주재료
우엉 약 350g

부재료
다시마 우린 물 200ml
진간장 4큰술
올리고당 4큰술
맛술 1큰술
참기름 1큰술
깨 약간

1 우엉은 껍질을 칼로 살살 벗기고 깨끗하게 씻어주세요.
2 우엉은 0.3cm 굵기로 채 썰어주세요.
3 프라이팬에 식용유를 두르고 우엉을 넣어 살짝 볶은 후 다시마 우린 물 200ml, 진간장 4큰술, 올리고당 4큰술, 맛술 1큰술 넣어 졸여주세요.
4 참기름 1큰술, 깨를 뿌려 마무리합니다.

당근채볶음

(화) (목) (금)
-

주재료
당근 1개

부재료
다진마늘 1/2큰술
소금 1/2큰술
깨 약간

15분

1 당근은 0.3cm 굵기로 채 썰어주세요.
2 프라이팬에 식용유를 두르고 채 썬 당근, 다진마늘 1/2큰술을 넣어 볶아주세요.
3 당근의 숨이 죽으면 소금 1/2큰술을 넣어 한 번 더 볶아주세요. 깨를 뿌려 마무리합니다.

미역줄기볶음

(월) (수) (목)
-

주재료
미역줄기 200g

부재료
양파 1/2개   참치액젓 1/2큰술
소금 1/2큰술   참기름 1큰술
다진마늘 1큰술

15분

(+30분 소금기 빼기)

1 염장 미역줄기는 물에 넣고 30분 이상 소금기를 빼준 후 흐르는 물에 몇 번 씻어주세요.
2 끓는 물에 소금 1/2큰술을 넣고 미역줄기를 넣어 10초 정도 데친 후 찬물에 헹궈주세요.
3 미역줄기는 3등분으로 썰고, 양파는 0.5cm 두께로 채 썰어주세요.
4 프라이팬에 식용유를 두르고 다진마늘 1큰술을 넣어 볶다가 양파를 넣어 볶아주세요.
5 양파가 살짝 투명해지면 미역줄기, 참치액젓 1/2큰술을 넣어 볶아주세요.
6 참기름 1큰술을 넣고 한 번 더 볶아 마무리합니다.

떡강정

(월) (수)
-

주재료
떡볶이떡 200g

부재료
케첩 2큰술   다진마늘 1큰술
고추장 1/2큰술   물 2큰술
진간장 1큰술   깨 약간(또는 견과류)
올리고당 2큰술

15분

1 프라이팬에 식용유를 두르고 떡을 넣고 튀기듯 구워주세요. 구운 떡을 건져내 기름기를 빼줍니다.
2 프라이팬에 케첩 2큰술, 고추장 1/2큰술, 진간장 1큰술, 올리고당 2큰술, 다진마늘 1큰술, 물 2큰술을
   넣어 살짝 끓여주세요.
3 소스에 튀긴 떡을 넣어 골고루 볶아주세요. 깨를 뿌려 마무리합니다.

월
요
일

달달한 우엉조림 가득 넣어 한 끼 든든하게 김
밥 만들었어요. 김밥에는 원하는 재료를 듬뿍
넣을 수 있어 참 좋아요.

우엉김밥

30분 이상

주재료
시금치나물 100g
우엉조림 100g
당근채볶음 100g
단무지 2줄
달걀 2개
김밥김 3장

부재료
밥 1.5공기
소금 2꼬집
참기름 1/2큰술

1 시금치나물과 우엉조림, 당근채볶음을 준비해 주세요.

　* 시금치나물과 우엉조림은 p.218, 당근채볶음은 p.219를 참고하세요.

2 달걀은 풀어 프라이팬에 조금씩 올려 얇게 부쳐 지단을 만들어 주세요.

3 달걀지단은 돌돌 말아 0.3cm 두께로 채 썰어주세요.

4 단무지는 0.3cm 굵기로 채 썰어주세요.

5 밥 1.5공기에 소금 2꼬집, 참기름 1/2큰술을 넣어 섞은 후 식혀주세요.

6 김 위에 밥을 올려 얇게 펴고 김 1/2장 올린 후 우엉, 당근, 시금치, 달걀, 단무지를 원하는 양만큼 올려 돌돌 말아주세요.

7 김밥 윗면에 참기름을 바르고 적당한 두께로 썰어주세요.

화 요일

닭고기와 대파 하나씩 쏙쏙 빼 먹는 재미! 단짠단짠한 소스 발라 노릇하게 구워 만들었어요.

닭꼬치

30분

주재료	부재료	
닭다리살 200g	나무꼬치 3개	진간장 1큰술
	대파 1/2대	맛술 1큰술
	소금 적당량	올리고당 1큰술
	후추 적당량	다진마늘 1/2큰술

1 닭다리살은 3등분으로 썰고, 대파는 닭다리살 크기에 맞춰 약 5cm 크기로 썰어주세요.
2 닭다리살에 소금, 후추를 뿌려 밑간해주세요.
3 진간장 1큰술, 맛술 1큰술, 올리고당 1큰술, 다진마늘 1/2큰술을 넣어 소스를 만들어 주세요.
4 나무 꼬치에 닭다리살, 대파를 번갈아 꽂아주세요.
5 프라이팬에 식용유를 두르고 닭다리살 꼬치를 올려 앞뒤로 익혀줍니다.
6 닭다리살이 80% 정도 익으면 앞뒤로 소스를 발라 더 익혀주세요.

요일

달걀 흰자와 노른자를 분리해서 말면 보기에 참 예쁘답니다.
거기에 시금치를 갈아 넣어 맛과 건강도 챙겼어요!

시금치달걀말이

15분

주재료
달걀 5개
데친 시금치 1/2줌

부재료
소금 1/2작은술

1 데친 시금치는 믹서기에 갈거나 칼로 다져서 준비해 주세요.
2 달걀 5개를 흰자와 노른자를 분리해서 풀어주세요.
3 달걀 흰자에 시금치와 소금 1/2작은술을 넣고 섞어주세요.
4 프라이팬에 식용유를 두르고 약불에서 달걀 흰자를 조금씩 부어가며 말아주세요.
5 달걀물을 조금씩 부어가며 말아주는 과정을 반복하면서 모양을 잡아주세요.
6 달걀말이 흰자가 완성되면 이어서 노른자를 붓고 천천히 말아주세요.

오늘은 분식 데이! 짭조름한 단무지주먹밥에
매콤달콤한 떡볶이예요. 점심시간이 기다려질
것 같은 메뉴죠?

단무지주먹밥

10^분

주재료
단무지 2줄
김 2장

부재료
밥 1공기
소금 2꼬집
참기름 1큰술

1. 단무지는 잘게 썰고, 김은 잘게 부숴 준비해 주세요.
2. 밥 1공기에 단무지, 김을 넣고 소금 2꼬집, 참기름 1큰술을 넣어 섞어주세요.
3. 밥을 동그랗게 만들어 주세요.

떡볶이

20^분

주재료
떡볶이떡 300g

부재료
대파 1/2대
물 400ml
고추장 2큰술
고춧가루 1큰술
진간장 1큰술
설탕 2큰술

1. 대파는 어슷 썰어서 준비해 주세요.
2. 냄비에 물 400ml, 고추장 2큰술, 고춧가루 1큰술, 진간장 1큰술, 설탕 2큰술을 넣어 끓여주세요.
3. 물이 끓어오르면 떡을 넣어 졸여주세요.
4. 국물이 적당히 졸아들면 대파를 넣고 마무리합니다.

금
요
일

닭다리살을 간장으로 밑간해서 튀기면 조금 더
특별한 치킨이 된답니다. 마요네즈 소스까지
찍어 먹으면 정말 맛있어요!

치킨가라아게

20분 (+30분 밑간)

주재료
닭다리살 200g

부재료
진간장 1/2큰술
맛술 1/2큰술
다진마늘 1/2큰술
소금 1꼬집
후추 1꼬집
밀가루 1큰술
전분가루 1큰술

1 닭다리살은 3등분으로 먹기 좋게 썰어주세요.
2 닭다리살에 진간장 1/2큰술, 맛술 1/2큰술, 다진마늘 1/2큰술, 소금 1꼬집, 후추 1꼬집을 넣어 30분 동안 밑간을 합니다.
3 닭다리살에 밀가루를 입힌 다음 전분가루를 입혀주세요.
4 예열된 기름에 넣어 튀겨주세요.

밑반찬

무전
파래전
어묵볶음
파래무침
알배추나물무침

요일별
도시락 구성

(밑반찬 5가지 중
2~3가지를 그날의
메인 반찬과
구성해보세요.)

(월) 꼬막비빔밥
　　 꼬막무침
　　 파래전
　　 무전
　　 양념장

(화) 알배추쌈밥
　　 돼지수육
　　 무전
　　 파래무침
　　 김치

(수) 참치무조림
　　 파래전
　　 알배추나물무침
　　 어묵볶음

(목) 차슈덮밥

　파래무침

　알배추나물무침

　어묵볶음

(금) 꼬막솥밥

　알배추찜

　파래무침

　어묵볶음

　양념장

장보기 목록

꼬막 1kg	9,500원
무 1개	1,490원
캔참치 1개	2,880원
파래 300g	1,980원
어묵 150g	1,480원
알배추 1통	2,480원
통삼겹살 600g	12,540원
합계	32,350원

파래무침

(화) (목) (금)

-
주재료
파래 200g
무 1/6개

(20분)

부재료
굵은 소금 1큰술
설탕 2큰술
소금1/2작은술
멸치액젓 1큰술
매실청 1큰술
맛술 1큰술
식초 1큰술
다진마늘 1/2큰술

1 파래에 굵은 소금 1큰술을 넣어 비벼 씻고 흐르는 물에 깨끗하게 헹구어 주세요.
2 파래를 꽉 짜서 물기를 빼주세요.
3 무는 0.3cm 굵기로 채 썰어주세요.
4 무에 설탕 1큰술, 소금 1/2작은술 넣어 10분 간 절인 후 물기를 빼주세요.
5 볼에 파래, 무를 넣고 멸치액젓 1큰술, 설탕 1큰술, 매실청 1큰술, 맛술 1큰술, 식초 1큰술, 다진마늘 1/2큰술을 넣어 가볍게 무쳐주세요.

파래전

(월) (수)

-
주재료
파래100g

(20분)

부재료
굵은 소금 1큰술
청양고추 1개
부침가루 1국자
찬물 1국자

1 파래에 굵은 소금 1큰술을 넣어 비벼 씻고 흐르는 물에 깨끗하게 헹구어 주세요.
2 파래는 3등분으로 썰고, 청양고추는 잘게 썰어주세요.
3 볼에 부침가루 1국자와 찬물 1국자를 넣어 반죽을 만들어 주세요.
4 반죽에 파래, 청양고추를 넣어 섞어주세요.
5 프라이팬에 식용유를 두르고 예열한 후 반죽을 동그란 모양으로 올려 앞뒤로 노릇하게 부쳐주세요.

무전

(월)(화)
-

주재료
무 1/4개

부재료
전분가루 1국자
설탕 1/2큰술
소금 2꼬집

20분

1 무를 갈고, 물기를 빼주세요.
2 볼에 간 무를 넣고 전분가루 1국자, 설탕 1/2큰술, 소금 2꼬집을 넣어 섞어주세요.
3 프라이팬에 식용유를 두르고 예열한 후 동그란 모양으로 올려 앞뒤로 노릇하게 부쳐주세요.

어묵볶음

(수)(목)(금)
-

주재료
어묵 150g

부재료
청양고추 1개
물 2큰술
진간장 1큰술

설탕 1큰술
올리고당 1/2큰술
깨 약간

15분

1 어묵은 2cm 두께로 썰고, 청양고추는 잘게 썰어주세요.
2 프라이팬에 물 2큰술, 진간장 1큰술, 설탕 1큰술을 넣어주세요.
3 살짝 끓어오르면 어묵, 청양고추를 넣어 볶아주세요.
4 올리고당 1/2큰술을 넣어 한 번 더 볶아주고, 깨를 뿌려 마무리합니다.

알배추나물무침

(수)(목)
-

주재료
알배추 1/2통

부재료
소금 1/2큰술
국간장 1큰술
다진마늘 1큰술

들기름 1큰술
깨 1큰술

10분

1 깨끗하게 씻은 알배추는 2cm 크기로 썰어주세요.
2 끓는 물에 소금 1/2큰술을 넣고 알배추를 30초 정도 데쳐주세요.
3 알배추를 꽉 짜서 물기를 빼주세요.
4 볼에 알배추를 넣고 국간장 1큰술, 다진마늘 1큰술, 들기름 1큰술, 깨 1큰술을 넣어 가볍게 무쳐주세요.
 * 모자란 간은 소금으로 해주세요.

월
요
일

제철 재료인 꼬막 한가득 삶아 매콤한 꼬막무
침도 해 먹고 비빔밥도 해 먹어요!

꼬막비빔밥&
꼬막무침

30분 (+30분 이상 해감)

주재료
꼬막 500g

부재료
밥 1공기
대파 1/4대
양파 1/4개
청양고추 1개
진간장 2큰술
고춧가루 2큰술
설탕 1/2작은술
매실청 1큰술
다진마늘 1큰술
참기름 1큰술
깨 약간
굵은소금 1큰술(해감용)

1 볼에 꼬막이 잠길 정도로 차가운 물을 붓고 굵은 소금 1큰술을 넣어 30분 이상 해감해 주세요.
2 꼬막은 해감 후 흐르는 물에 몇 번 더 세척해 주세요.
3 냄비에 물을 붓고 끓기 직전에 꼬막을 넣어주세요.
4 꼬막을 한쪽 방향으로 저어가며 삶고, 꼬막이 2~3개 입을 벌리면 건져주세요.
5 꼬막 껍데기 뒷부분에 숟가락을 넣어 비틀어 껍데기를 까서 살만 발라주세요.
6 대파, 양파, 청양고추를 잘게 썰고, 진간장 2큰술, 고춧가루 2큰술, 설탕 1/2작은술, 매실청 1큰술, 다진마늘 1큰술, 참기름 1큰술, 깨를 넣어 섞어주세요.
7 볼에 꼬막살, 양념장을 넣어 가볍게 무쳐주면 꼬막무침이 완성됩니다.
8 완성된 꼬막무침에 밥 1공기를 넣어 비비면 꼬막비빔밥이 됩니다.

돼지고기 삶고 알배추에 밥 넣어 돌돌 말아 든
든한 수육 한 상 준비했어요.

알배추쌈밥

20분

주재료
알배추 4장

부재료
밥 1공기
쌈장 1큰술

1 알배추를 1장씩 떼어 찜기에 넣어 약 10분 정도 쪄주세요.
2 알배추를 1장씩 펼치고 그 위에 밥을 올린 후 쌈장을 조금 올려주세요.
3 알배추를 돌돌 말아주세요.

돼지수육(무수분)

1시간

주재료
통삼겹살 300g

부재료
양파 1개
대파 2대
마늘 5개
된장 1큰술
소금 적당량
후추 적당량

1 양파는 2cm 정도 두께로 썰고, 대파는 약 15cm 길이로 썰어 준비해주세요.
2 통삼겹살에 소금과 후추를 앞뒤로 뿌리고 된장을 골고루 발라주세요.
3 냄비에 양파와 대파를 먼저 깔고, 삼겹살을 올려주세요.
4 통마늘을 넣고 대파를 고기 위에 한 번 더 가득 올려주세요.
5 뚜껑을 덮고 약불에서 40분 정도 익혀주세요.

생선 필요 없이 간단하게 캔참치만 있으면 칼칼하고 매콤한 밥
도둑 무조림을 만들 수 있어요. 흰밥과 참 잘 어울리는 메뉴랍
니다.

참치무조림

30분

주재료	부재료	
무 1/4개	양파 1/2개	고춧가루 2큰술
캔참치 1개	대파 1/4대	올리고당 2큰술
	청양고추 1개	참치액젓 1큰술
	물 300ml	다진마늘 1큰술
	진간장 3큰술	후추 약간
	고추장 1큰술	

1 무는 약 1cm 두께로 썰고 2등분 또는 4등분 해주세요.
2 양파, 대파, 청양고추는 송송 썰고, 참치는 기름을 빼주세요.
3 진간장 3큰술, 고추장 1큰술, 고춧가루 2큰술, 올리고당 2큰술, 참치액젓 1큰술, 다진마늘 1큰
   술, 후추 약간 섞어 양념을 만들어 주세요.
4 냄비에 무를 깔고 양념장과 양파, 청양고추, 물 300ml를 넣어 끓여주세요.
5 물이 끓으면 참치를 넣고 뚜껑 덮어 중불에서 20분 정도 끓여주세요.
6 대파를 올리고 조금 더 조려줍니다.

목 **요일**

통삼겹살 바싹 구워 간장 소스에 푹 조리면 짭조름하고 부드러운 차슈 완성! 밥 위에 얹어 먹어도 좋고, 면 위에 고명으로 올려 먹어도 좋아요.

차슈덮밥

50분

주재료	부재료	
통삼겹살 300g	대파 1/4대	진간장 100ml
	양파 1/2개	맛술 50ml
	마늘 5개	설탕 5큰술
	밥 1공기	소금 적당량
	물 350ml	후추 적당량

1 통삼겹살에 소금, 후추 뿌려서 밑간을 해주세요.
2 프라이팬에 통삼겹살을 올리고 중강불에서 삼겹살의 겉부분을 바삭하게 구워주세요.
3 냄비에 삼겹살을 넣고 물 350ml, 진간장 100ml, 맛술 50ml, 설탕 5큰술, 대파, 양파, 마늘을 넣어 끓여주세요.
4 물이 끓으면 뚜껑 덮고 중불에서 30분 정도 끓여주세요. 중간에 고기를 뒤집거나 소스를 끼얹어주세요.
5 간장 소스가 졸아들면 고기를 꺼내 0.3cm 정도 두께로 썰어요.
6 밥 위에 간장 소스를 뿌리고 고기를 올려주세요. 소스는 취향껏 뿌리면 됩니다.

밥 위에 꼬막 가득 얹어 솥밥 만들고, 알배추 쪄서 매콤한 양념
장 올려 준비했어요. 건강한 겨울 도시락 반찬입니다!

꼬막솥밥

30분 (+30분 쌀 불리기)

주재료
꼬막 500g

부재료
쌀 1컵
다시마 우린 물 1컵
진간장 1큰술
쪽파 약 5대
버터 1큰술

1 쌀을 30분 정도 불려주세요.
2 쪽파는 잘게 송송 썰어 준비해주세요.
3 무쇠솥에 불린 쌀과 다시마 우린 물을 1컵씩 1:1 비율로 넣고 진간장 1큰술을 넣어주세요.
4 한 번 끓어오르면 저어주고 뚜껑을 덮어 중약불에 10분, 약불에 5분 정도 끓여주세요.
5 밥 위에 삶은 꼬막살, 쪽파, 버터 1큰술을 올리고 뚜껑을 덮은 후 10분 정도 뜸 들여주세요.

* 꼬막 삶는 법은 꼬막비빔밥 레시피 p.233 참고하세요.
* 꼬막은 삶은 후 껍질째 냉동 보관해 사용하면 됩니다.

알배추찜

15분

주재료
알배추 1/2통

부재료
청양고추 1개
홍고추 1개
고추기름 1큰술
진간장 1큰술
굴소스 1큰술
매실청 1큰술

식초 1큰술
맛술 1큰술
물 2큰술
다진마늘 1/2큰술
후추 약간

1 알배추는 찜기에 넣어 10분간 쪄주세요.
2 청양고추와 홍고추는 잘게 썰어주세요.
3 고추기름 1큰술, 진간장 1큰술, 굴소스 1큰술, 매실청 1큰술, 식초 1큰술, 맛술 1큰술, 물 2큰술, 다진마늘 1/2큰술, 후추 약간, 청양고추, 홍고추를 섞어 양념장을 만들어 주세요.
4 알배추 위에 양념장을 뿌려주세요.

* 고추기름은 식용유 4큰술에 고춧가루 1큰술을 섞고, 전자레인지에 1분간 돌려주세요. 체에 밭쳐 기름만 걸러내면 됩니다.

MEMO